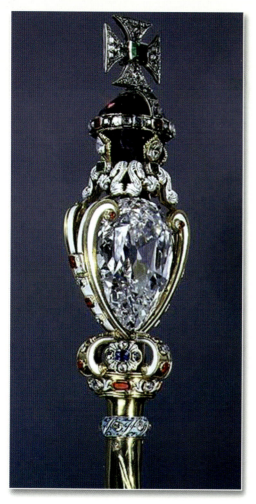

非洲之星Ⅰ号

希望之钻

常林钻石

金鸡钻石

千禧之星

卡门露西亚红宝石

矢车菊蓝宝石

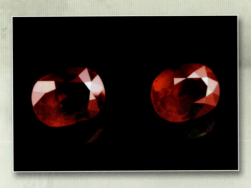

鸽血红红宝石

亚州之星星光蓝宝石

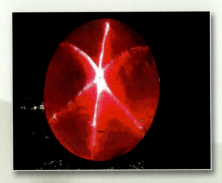

罗斯利夫斯星光红宝石

英帝国王冠(圣爱德华蓝宝石)

法拉祖母绿项链

雕刻着花卉的祖母绿

安第斯祖母绿皇冠

刻面祖母绿宝石（百睿珠宝）

摩根石挂坠

海蓝宝石挂坠

橄榄石

尖晶石

金绿猫眼

石榴子石

沙弗莱石

帕拉伊巴碧玺

蓝绿碧玺

玉卮

玉龙

玉章

玉猪龙

玉璧

玉琮

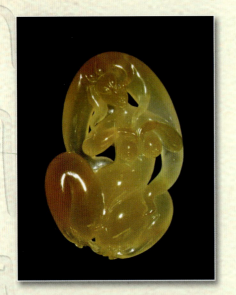

翡翠玉贵人（吴德昇）

翡翠秋巢（袁新根）

翡翠镶钻天鹅

翡翠手镯

翡翠喜竹

翡翠横塘月满（汪德海）

白玉共舞(吴德昇)

青花水墨江南(曹扬)

白玉·花·世界(杨曦)

碧玉黄瓜(张焕庆)

青玉母子匜(马洪伟)

青玉薄胎壶(俞挺)

墨玉盼归壶(瞿惠中)

寿山石摆件

寿山石挂坠

田黄挂坠

青田石

鸡血石原石

巴林石

真主之珠

白珍珠与月光石

金色珍珠挂坠

黑色珍珠戒指

红珊瑚配饰

琥珀挂坠

欧泊

葡萄石

绿松石摆件

独山玉手镯

粉色水晶挂坠

岫玉摆件

● 中国玉文化与系统宝石学丛书

廖宗廷 ◎ 主编
周征宇 杨如增 马婷婷 ◎ 副主编

珠宝鉴赏

ZHUBAO JIANSHANG

（第三版）

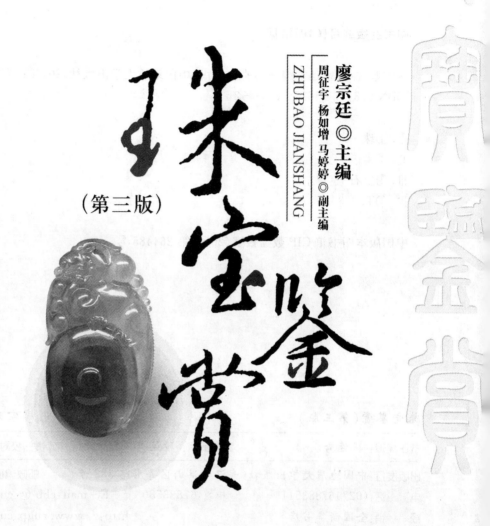

中国地质大学出版社
ZHONGGUO DIZHI DAXUE CHUBANSHE

图书在版编目(CIP)数据

珠宝鉴赏/廖宗廷主编.—3版.武汉:中国地质大学出版社,2014.11(2019.10重印)
ISBN 978-7-5625-3549-2

Ⅰ.①珠…
Ⅱ.①廖…
Ⅲ.①宝石-鉴赏
Ⅳ.①TS933.21

中国版本图书馆 CIP 数据核字(2014)第 264485 号

珠宝鉴赏(第三版)		廖宗廷　主编
责任编辑：段连秀	策划编辑：段连秀	责任校对：张咏梅

出版发行	中国地质大学出版社(武汉市洪山区鲁磨路388号)	邮政编码:430074
电　话	(027)67883511　　传真:67883580	E-mail:cbb@cug.edu.cn
经　销	全国新华书店	http://www.cugp.cug.edu.cn

开本:787毫米×960毫米 1/16	字数:260千字　印张:13.5　图版:10
版次:2002年9月第1版	2010年4月第2版
2014年11月第3版	印次:2019年10月第12次印刷
印刷:湖北睿智印务有限公司	印数:35001-37000 册
ISBN 978-7-5625-3549-2	定价:48.00元

如有印装质量问题请与印刷厂联系调换

《中国玉文化与系统宝石学丛书》
编委会

名誉主任：周祖翼

主　　任：廖宗廷

副 主 任：周征宇　杨如增　钱振锋　姚士奇

委　　员（按姓氏笔划）：

马婷婷　亓利剑　包章泰　朱静昌

纪凯健　杨　曦　吴德生　吴跃兴

宋晓波　陈　桃　金延新　周文一

俞　挺　洪新华　倪世一　瞿惠中

曾春光

　　根据我国经济、社会和科技发展的需要,同济大学利用拥有的地球科学、材料科学、设计艺术学、管理科学、人文科学等优势和条件,于1993年创立了宝石学科。学科成立之后,通过一系列建设,在人才培养、国际交流、科学研究、社会服务和文化传承等方面均取得了丰硕成果,建立了从各类短期培训—跨学校通识课程—跨学校辅修专业—本科—研究生等多元化的人才培养体系,培养了大批各层次人才;与英国、意大利、德国、澳大利亚、美国、比利时等建立密切合作关系,促进了学科建设及时与国际接轨;科学研究不断取得进展,并在和田玉、图章石、有机宝石、宝玉石优化与处理、饰用贵金属等方面形成了特色;产学研合作不断深化,建立了众多水平较高、运行良好、效果明显的产学研基地,促进科技成果及时转化为现实生产力;玉文化研究不断取得新进展,并已影响到海外。现拥有中英联合同济大学教育中心(ATC)、同济大学宝石及材料工艺学实验室、上海宝石及材料工艺工程技术研究中心、上海市珠宝实训中心等机构。相关成果获上海科技进步二等奖1项、上海市教学成果一等奖3项、上海市优秀教材一等奖2部、上海市精品课程1门、上海市教学团队1个、国家级教学成果二等奖2项、国家级精品课程1门、国家级教学团队1个,相关教师获各类奖数十项。

2013年是宝石学学科成立20周年,为了继往开来,学校举行了简朴的庆祝仪式,同时成立了同济大学珠宝首饰行业校友联谊会、筹划TGI当代玉典大师联展、建立TGI培训课程体系、筹建TGI珠宝首饰设计联合工作室、开展TGI跨界对话、成立和田玉研究基地、编写出版《中国玉文化与系统宝石学丛书》(以下简称《丛书》)等。按照规划,我们疏理已出版的和将要出版的专著、教材、科普读物、行业参考书等共十余部,陆续将由中国地质大学出版社出版或再版。我们希望《丛书》能够得到全国开展宝石学教育学校师生以及业内人士的喜爱,希望《丛书》能够起到抛砖引玉的作用,引导更多人来关心或参与宏扬中国玉文化,促进宝石学学科发展,为推动我国珠宝产业发展作出新的贡献。

本《丛书》出版得到上海市科学技术委员会、山东只楚集团有限公司、江苏斗山文化传播交流有限公司和中国地质大学出版社的大力支持,在此一并表示感谢。限于我们的认识和水平,《丛书》难免会有疏漏和不尽如人意之处,诚恳地希望广大读者提出宝贵的意见和建议,帮助我们共同将《丛书》编好。

《中国玉文化及系统宝石学丛书》编委会
2014年6月

晶莹绚丽、温润素净的珠宝,因其质地高雅而被人们视为圣洁之物,自古以来,一直深受广大人民的喜爱,但历史上珠宝主要被王公贵族或富人所占有,是身份、权力、地位和财富的象征。代表英帝国王权的王冠和权杖上镶有至今为止全世界最大的钻石以及许多著名的珠宝;我国秦代的传国玉玺上刻有"受命于天,既寿永昌"。谁得到它,谁才算得上是真命天子……。人类社会发展到今天,珠宝已进入寻常百姓家,并在社会物质文明和精神文明中扮演着越来越重要的角色。

珠宝的使用源远流长,最早开始于石器时代。近万年来,它一直以特有的气质和纯真娇美的魅力装点、美化着人类的生活,丰富充实着世界各民族的文化艺术宝库,创造着高度的人类文明。中国是世界上开发、利用珠宝最早的国家之一,并长期占有着显著地位。据资料考证,我国采玉琢玉已有近万年的历史,而且玉和我国民族文化已形成了千丝万缕的联系,它影响了我国世世代代人们的观念和习惯,影响了历史上各朝各代的典章制度,影响了相当一大批文学、历史著作。中国玉器世代单件作品的产生与积累,与日俱进的珠宝玉石生产加工技艺,以及与中国玉石相关的政治思想、文化和制度,这一切物质的和精神的东西,构成了中国独特的玉文化,形成了光照世界的"东方艺术"。

中国人对珠宝有着特殊的感情,无论是繁华的城市,还是偏僻的山村,一提起珠宝,没有人不知晓,并且都会肃然起敬,激发起美好的向往。但由于各种原因,特别是经济落后,普通中国人只能可盼而不可求。随着我国改革开放的不断深入,社会和经济不断高速发展,人民生活水平大幅度提高,大众对珠宝的购买力也在逐渐增强,珠宝这一寄托着人民美好愿望的奢侈品开始走进千家万户,也极大地带动了中国珠宝市场的飞速发展。

在珠宝市场逐步繁荣的同时,也出现了鱼龙混杂、泥沙俱下以及用各种方式欺骗消费者等不良现象。出现这种现象,一方面是由于我国珠宝市场发展不成熟,另一方面则主要是由于我国珠宝知识不普及,即使是进入高等院校的大学生,也对珠宝知之甚少。这种情况也与大学生本身应该具备的素质是不相称的。为了普及珠宝知识,提高广大学生的珠宝文化素质,从20世纪90年代开始,国内许多高校(如北京大学、同济大学、中国地质大学和浙江大学等)相继开出了"珠宝类"课程,均受到各高校学生的热烈欢迎,学生选课十分踊跃。如同济大学开设的"珠宝鉴赏"课程1994年每年选修的学生超过1000人,文汇报曾以"上海实现教育资源共享,同济大学开设的珠宝鉴赏课程独占鳌头"为题报道了当时的盛况。该课程经久不衰,至今仍是全上海市高校最受欢迎的共享课程之一。大学生们通过选修珠宝类课程,认识了珠宝在我国历史、经济和文化等方面的地位;了解了我国悠久的宝玉石文化,增加民族自尊心和自豪感。另外,大学生通过学习和了解集自然美和人工艺术美于一身的珠宝,在不知不觉中获得一种高尚的意趣,从而提高大学生自身的文化艺术素质和修养。

为了配合该课程开设,我们在总结多年"珠宝鉴赏"课程教学改革、课程建设和教学经验基础上,并参考了国内外大量珠宝研究的成果和资料,编写成《珠宝鉴赏》教材,于2002年由中国地质大学出版社出版第一版,2010年出版第二版。每一版均得到了广大学生和珠宝爱好者的欢迎。在此基础上,我们再次对该教材进行了新的修订,这次修订认真分析了原教材中存在的不足,补充了大量新的资料,努力反映第二版出版以来宝石学学科的最新发展和成果,同时也高度重视《中国玉文化与系统宝石学丛书》的系统性,努力形成本教材主要针对非宝石学专业大学生以及普通珠宝爱好者的特色。因此,本教材以全国普通高校大学生、中学生、普通珠宝爱好者、消费者为对象,力求通俗易懂,实用性强。本书的另一个目的在于抛砖引玉,让更多人参与普及珠宝知识的工作,进一步促进我国珠宝产业发展,为我国社会主义物质文明和精神文明建设、为宏扬中国的珠宝文化作出新的贡献。

本教材修订得到上海市科学技术委员会(课题编号:12DZ2251100)、山东只楚集团有限公司、江苏斗山文化传播交流有限公司、上海市宝玉石协会以及中国地质大学出版社等的大力支持。城隍珠宝总汇、百睿珠宝、香港上品珠宝等企业提供了部分图片与资料。教材参考引用了大量前人的研究成果和资料,是集体智慧的结晶。同济大学宝石学教育中心的研究生支颖雪、廖冠琳等参加了本教材资料收集、文字校对、照片拍摄、图版编排等工作。鞠莲女士全力提供后勤保障。办公室的同事们以及各方面好友经常给予我各方面的鼓励。在此一并表示感谢。

编　者

2014 年 7 月于同济园

目 录

第一章 绪 论 ·· (1)
   1.1 基本概念 ··· (1)
   1.2 珠宝的分类 ·· (2)
   1.3 珠宝的定名与象征 ··· (3)
   1.4 珠宝的属性和价值 ··· (6)
   1.5 珠宝的性质 ·· (9)

第二章 宝石之王——钻石 ··· (19)
   2.1 历史与传说 ·· (19)
   2.2 基本性质 ··· (22)
   2.3 真假鉴别 ··· (24)
   2.4 质量评价 ··· (28)

第三章 绿色之王——祖母绿 ·· (35)
   3.1 历史与传说 ·· (35)
   3.2 基本性质 ··· (37)
   3.3 分类及品种 ·· (38)
   3.4 真假鉴别 ··· (41)
   3.5 质量评价 ··· (43)

第四章 姊妹宝石——红宝石和蓝宝石 ··· (45)
   4.1 历史与传说 ·· (45)
   4.2 基本性质 ··· (46)
   4.3 真假鉴别 ··· (48)

4.4　质量评价…………………………………………………………(51)

第五章　具有奇异光学效应的宝石对——猫眼石和变石 ………………(54)

　　5.1　何为猫眼石？何为变石？………………………………………(54)

　　5.2　基本性质…………………………………………………………(55)

　　5.3　猫眼石的真假鉴别与质量评价…………………………………(57)

　　5.4　变石的真假鉴别及质量评价……………………………………(58)

第六章　常见宝石 ……………………………………………………………(60)

　　6.1　电气石……………………………………………………………(60)

　　6.2　海蓝宝石…………………………………………………………(62)

　　6.3　水　晶……………………………………………………………(64)

　　6.4　锆　石……………………………………………………………(66)

　　6.5　尖晶石……………………………………………………………(68)

　　6.6　石榴子石…………………………………………………………(71)

　　6.7　托帕石……………………………………………………………(73)

　　6.8　橄榄石……………………………………………………………(75)

　　6.9　月光石……………………………………………………………(76)

第七章　中国玉文化的杰出代表——和田玉 ………………………………(78)

　　7.1　历史与传说………………………………………………………(78)

　　7.2　基本性质…………………………………………………………(80)

　　7.3　分　类……………………………………………………………(82)

　　7.4　真假鉴别…………………………………………………………(86)

　　7.5　质量评价…………………………………………………………(88)

第八章　玉石之王——翡翠 …………………………………………………(91)

　　8.1　历史与传说………………………………………………………(91)

　　8.2　基本性质…………………………………………………………(93)

　　8.3　真假鉴别…………………………………………………………(95)

　　8.4　质量评价…………………………………………………………(99)

第九章　像彩虹般美丽的玉石——欧泊 ……………………………………(105)

9.1 历史与传说 ……………………………………………… (105)

9.2 基本性质和品种 …………………………………………… (106)

9.3 真假鉴别 ………………………………………………… (108)

9.4 质量评价 ………………………………………………… (110)

第十章 常见玉石 …………………………………………… (112)

10.1 岫　玉 …………………………………………………… (112)

10.2 独山玉 …………………………………………………… (114)

10.3 绿松石 …………………………………………………… (115)

10.4 石英质玉石 ……………………………………………… (117)

10.5 青金石 …………………………………………………… (120)

10.6 寿山石 …………………………………………………… (122)

10.7 鸡血石 …………………………………………………… (123)

10.8 青田石 …………………………………………………… (125)

第十一章 珠宝皇后——珍珠 ……………………………… (127)

11.1 历史与传说 ……………………………………………… (127)

11.2 基本性质 ………………………………………………… (129)

11.3 形成机理 ………………………………………………… (132)

11.4 分类及品种 ……………………………………………… (133)

11.5 真假鉴别 ………………………………………………… (137)

11.6 质量评价 ………………………………………………… (141)

第十二章 其他有机宝石 …………………………………… (143)

12.1 珊　瑚 …………………………………………………… (143)

12.2 琥　珀 …………………………………………………… (146)

12.3 煤　玉 …………………………………………………… (149)

12.4 象　牙 …………………………………………………… (151)

12.5 龟　甲 …………………………………………………… (155)

第十三章 饰用贵金属 ……………………………………… (157)

13.1 金 ………………………………………………………… (157)

IX

13.2	银	(161)
13.3	铂	(162)
13.4	其他饰用贵金属	(165)

第十四章　珠宝购买、佩戴与保养 (167)

14.1	鉴定分级证书与价格核算	(167)
14.2	购买与佩戴	(169)
14.3	保　养	(177)

第十五章　名宝趣谈 (180)

15.1	噩运之钻——"希望"	(180)
15.2	钻石之最——库里南	(181)
15.3	古老而经历曲折的钻石——光明之山	(183)
15.4	以假乱真的红宝石——黑王子红宝石和铁木尔红宝石	(187)
15.5	中国名玉——和氏璧	(191)
15.6	世界著名珍珠传奇	(194)

参考文献 (199)

第一章 绪 论

1.1 基本概念

1.1.1 什么是珠宝？

珠宝，顾名思义是指珍珠和宝石，但由于珠宝实际上包括珍珠、宝石和玉石等，因而行业中又将其称为珠宝玉石。按照国家标准《珠宝玉石·名称》(GB/T 16552—2010)，珠宝玉石是对天然珠宝玉石(包括天然宝石、天然玉石和天然有机宝石)和人工宝石(包括合成宝石、人造宝石、拼合宝石和再造宝石)的统称，简称宝石。

1.1.2 什么是宝玉石？

宝玉石是宝石和玉石的统称，在宝石学中有广义的和狭义的两种概念。

(1)广义的概念：泛指宝石，不细分宝石和玉石。泛指色彩瑰丽、晶莹剔透、坚硬耐久、稀少、无害，可琢磨、雕刻成首饰和工艺品的矿物或岩石，包括天然的和人工合成的，也包括部分有机材料。西方人一般采用这种概念。

(2)狭义的概念：有宝石和玉石之分。宝石指的是具备美观、耐久、稀少、无害等条件，可加工成首饰和工艺品的矿物单晶体，包括天然的和人工合成的，如钻石、蓝宝石等。玉石是指具有美观、耐久、稀少和无害等条件，并可琢磨、雕刻成首饰和工艺品的矿物集合体，少数为矿物单晶体和非晶质体，同样包括天然的和人工合成的，如翡翠、和田玉等。东方人多采用这种概念。

1.1.3 宝玉石必须具备的条件

不管是广义的概念，还是狭义的概念，宝玉石都必须具备以下条件。

(1)美丽：是宝玉石必须具备的首要条件，要求颜色艳丽、纯正、匀净、透明无瑕又光彩夺目，或呈现猫眼、星光、变彩、变色等特殊的光学效应。例如无色、透明无瑕疵的金刚石(钻石)可称宝石之王，不透明之黑色金刚石主要作工业用途，这便是美与不美之重大差别。

(2)稀少：物以稀为贵,这说法在宝玉石上得到了最大体现,越是稀罕的宝玉石越名贵。钻石的昂贵由它的稀少性而决定,而橄榄石虽然色彩明亮,但由于其产出量大,也只能算做中档宝石。

(3)耐久：宝玉石不仅色彩艳丽非凡,还需具有永葆艳姿美色的耐久特性,即宝玉石必须坚硬耐磨,化学稳定性高。

(4)无害：宝玉石必须对人体无伤害。天然宝玉石(除锆石等外)不含对人体有害的放射性元素,因此,一般宝玉石对人体无害,但少数经辐射处理的宝玉石可能含少量对人体有害的残余放射性,应引起高度重视。

1.2 珠宝的分类

目前世界上能被用作珠宝的材料有200多种。由于这些材料具有明显的商品性,贵贱悬殊,有单晶体与集合体、有机与无机、天然与合成等之分,再者,宝石与玉石的工艺性质又各具特色。我们基于珠宝的形成方式、组成、工艺性能等,将珠宝分成天然珠宝、有机珠宝、人工珠宝三大类(图1-1)。

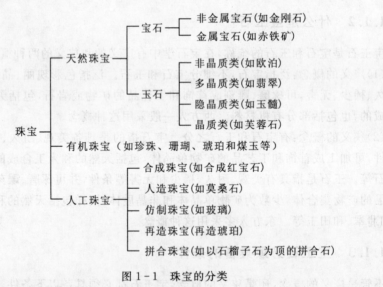

图1-1 珠宝的分类

1. 天然珠宝

天然珠宝是由自然界产出的宝玉石。它包括宝石和玉石两类。

(1)宝石：由自然界产出,具备美观、耐久、稀少、无害等条件,可加工成首饰和工艺品的矿物单晶体,如果矿物晶体为非金属矿物,则称非金属宝石,如钻石、红宝石等;如果矿物晶体为金属矿物,则称金属宝石,如赤铁矿、黄铁矿等。其中非金属宝石占绝大多数。

(2)玉石:由自然界产出,具有美观、耐久、稀少、无害等条件,并可加工成首饰和工艺品的矿物集合体,少数为非晶质体和晶质体。

2.有机珠宝

有机珠宝是指成因与生物有联系的珠宝。或其成因与生物作用密切相关,如珍珠,或珠宝本身就是生物体的一部分,如象牙。

3.人工珠宝

人工珠宝是指完全或部分由人工生产或制造的用于制作首饰及装饰品的珠宝材料。人工珠宝主要包括合成珠宝、人造珠宝、拼合珠宝、再造珠宝和仿制珠宝等。

(1)合成珠宝:指部分或全部由人工制造的晶质和非晶质材料,这些材料的物理性质、化学成分及晶体结构和与其相对应的天然宝石基本相同。

(2)人造珠宝:指完全由人工制造的晶质和非晶质材料,这些材料没有天然对应物。如立方氧化锆、钛酸锶等。

(3)拼合珠宝:指由两种或两种以上材料经人工方法拼合在一起,在外形上给人以整体印象的珠宝,如以优质蓝宝石为顶、劣质蓝宝石为底的二层石。

(4)再造珠宝:将一些天然宝石的碎块、碎屑经人工熔结后制成的宝石。如再造琥珀、再造绿松石等。

(5)仿制珠宝:指任何具有被仿制宝石外貌但不具备所仿制宝石的化学成分、物理性质和晶体结构材料。它可以是天然材料,也可以是人工材料,如立方氧化锆仿钻石。

1.3 珠宝的定名与象征

1.3.1 珠宝的定名

1.天然珠宝的定名原则

(1)天然宝石可直接使用国家标准《珠宝玉石·名称》中的宝石基本名称和与其相对应的矿物名称,名称前不用再加"天然"二字。产地不参加定名,一些含混的商业名称,如半宝石及两种天然宝石的组合名称(变石猫眼除外)等也不能参与定名。

(2)天然玉石可直接使用国家标准《珠宝玉石·名称》中的天然玉石基本名称和与其相对应的矿物(岩石)名称。名称后可附加"玉"字,无须加"天然"二字,"天然玻璃"除外。但不能单独使用"玉"或"玉石"一词进行直接定名,除保留部分传统名称外,产地不参与定名,雕琢形状也不参与定名。

(3)天然有机宝石可直接使用国家标准《珠宝玉石·名称》中天然有机宝石的基本名称。

2. 人工珠宝的定名原则

(1)对于合成珠宝:合成珠宝定名时,须在所对应的天然珠宝玉石名称前加"合成"二字,如合成红宝石、合成祖母绿等。厂家、制造商的名字不参与定名,一些容易造成混淆的名称禁止使用,如"鲁宾石",它是焰熔法合成红宝石。

(2)对人造珠宝:人造珠宝定名时,须在材料名称前加"人造"二字,如"人造钇铝榴石""人造钛酸锶"等,但"玻璃""塑料"除外。同样,人造宝石的生产厂家、制造商及生产地都不参与定名,一些含混不清的名称也禁止使用,如不得以"苏联钻"的名称命名立方氧化锆。

(3)对于拼合珠宝:对不同材料的拼合石定名时须在组成材料名称之后加"拼合石"三字,如"蓝宝石与合成蓝宝石拼合石",或以顶层材料名称加"拼合石"三字进行命名,如"蓝宝石拼合石"。对同种材料组成的拼合石可在组成材料后直接加"拼合石"三字,如"锆石拼合石"。对于用欧泊或合成欧泊为主要材料组成的拼合石,可直接采用"拼合欧泊"或"拼合合成欧泊"的名称。

(4)对于再造珠宝:再造珠宝的定名须在所组成的天然珠宝玉石名称前加"再造"二字。如"再造琥珀""再造绿松石"。

(5)对于仿制珠宝:"仿制宝石"一词不能单独作为珠宝玉石名称。仿制珠宝定名时须在所模仿的天然珠宝玉石名称前加"仿"字,如仿祖母绿、仿珍珠等。应尽量给出具体珠宝名称,如"仿祖母绿(人造钇铝榴石)"。

3. 宝石名称的使用要求

(1)销售中应正确使用国家标准《珠宝玉石·名称》中所规定的名称术语,避免错误或不规范的宝石名称。

(2)保证所售珠宝商品的实物名称与其相对应的证书、单据等名称的一致性。

(3)积极向顾客宣传和介绍珠宝玉石的正确名称。

1.3.2 珠宝的象征

不同的珠宝各有其象征的含义。人类的话语虽然无比丰富,但远非唯一的交流形式,当场合特殊或者性格腼腆不允许人充分表达自己的思想感情时,往往需要借助手势、表情乃至于花和珠宝等的象征寓意。人同珠宝的关系,与人同花的关系有许多相似之处,因为珠宝其实就是永不凋谢的鲜花。人对于花的好恶往往显现出他的性情,对珠宝的好恶往往也是如此。珠宝的象征意义举例如下。

(1)钻石:钻石洁白、绚丽、耐久,象征着纯洁无瑕、爱情忠诚不变的信念,世界钻石统售组织 De Beers 借助强大广告宣传钻石对于爱情的意义,人们将金属镶嵌的钻石戒指作为订婚、结婚的信物已成为一种流行文化,影响着越来越多的青年人。钻石是四月生辰石。

(2)珍珠:珍珠典雅、高贵、靓丽,象征着健康、福贵、长寿、纯洁等,是馈赠女性和长辈礼物的最佳选择。她的美丽亘古流传,经典而非流行,作为珠宝皇后的地位牢不可破。国际宝石界还将珍珠列为六月生辰的幸运石,结婚13周年和30周年的纪念石。具有瑰丽色彩和高雅气质的珍珠,自古以来为人们所喜爱。

(3)红宝石:红宝石红艳似火,象征着仁爱、尊严。在圣经中红宝石是所有宝石中最珍贵的。炙热的红色使人们总把它和热情、爱情联系在一起,被誉为"爱情之石",象征着热情似火,爱情的美好、永恒和坚贞。红宝石是七月的生辰石。不同色泽的红宝石,来自不同的国度,却同样意味着一份吉祥。红色永远是美的使者,红宝石更是将祝愿送予他人的最佳向导。

(4)蓝宝石:蓝宝石的蓝色沉稳而庄重,象征着慈爱、诚实。星光蓝宝石又被称为"命运之石",能保佑佩戴者平安,并让人交好运。蓝宝石属高档宝石,是五大宝石之一。蓝宝石是九月的生辰石。它与红宝石有"姊妹宝石"之称。

(5)和田玉:和田玉从最初的生产工具和人身装饰走向了原始宗教和远古政治,成为中国古代国家"国威所系、皇权象征、统治理念、等级标志"。把和田玉本身具有的一些自然特性比附于人的道德品质,作为所谓"君子"应具有的德行而加以崇尚歌颂,更是中国人的伟大创造。中国人将和田玉的特性加以人格化,认为玉有"仁、义、智、勇、洁"五德,有"君子比德于玉"之说。和田玉又是美丽、富贵、高尚、廉洁等一切精神美的象征。

(6)翡翠:翡翠的绿色给人以生机和活力,预示着会带来机遇和好运。翡翠是一种最珍贵、价值高的玉石,被称为"玉石之冠"。由于深受东方一些国家和地区人们的喜爱,因而被国际珠宝界称为"东方之宝"。

(7)紫晶:紫晶意味着内心平和、宽容、耐心的心态。紫晶最有价值的色彩是深紫红到紫红色。由于它的美丽的紫色,所以一直受人喜爱,国际宝石界把紫晶定为"二月生辰石"。除了其颜色高雅外,古人认为紫晶能促进人们互相谅解,以诚相待,保佑人们万事如意,岁岁平安,且能抵抗传染病及抑制邪恶的念头。紫晶有"诚实之石"的美誉。

(8)石榴子石:石榴子石红而不艳,象征着真实和忠诚。石榴子石被认为是信仰、坚贞和纯朴的象征。人们愿意拥有、佩戴并崇拜它,不仅是因为它的美学装饰价值,更重要的是,人们相信它具有一种不可思议的神奇力量,使人逢凶化吉、遇难呈祥,可以永葆荣誉地位,并具有重要的纪念功能。石榴子石是一月生辰石。

(9)绿松石:蔚蓝色彩,艳而不骄、靓而不俗。绿松石因其色、形似碧绿的松果而得名,是世界上稀有的贵宝石品种之一,因其通过土耳其输入欧洲各国,故有"土耳其玉"之称,亦称"突厥玉"。它被用于第一个藏王的王冠,用作神坛供品以及藏王向居于高位的喇嘛赠送的礼品及向邻国贡献的贡品。被视为保佑旅途平安和护身器。绿松石是十二月生辰石。

现代珠宝业以其高度市场化、国际化、人文化、科技化、多元化和个性化的鲜明时代特征,成为美化生活、推动经济发展不可或缺的力量,也成为人们表达感情的一种载体。珠宝首饰的产品大都具有珍奇、稀少、高雅、昂贵和富有文化意蕴等特点。人们在佩戴珠宝首饰的时候,赋予他们惯用的语言氛围,在装点亮丽生活的同时,传递着不同的情感。珠宝和花卉一样,具有美丽的外观和寓意着表达感情的因素。珠宝是婚姻状况的一种写照,人们一般习惯用戒指佩戴的位置展示个人的婚姻状况,在世界范围内已形成固定的习性。戒指戴在食指上表示正在觅友,戴在中指上表示订婚或已有意中人,戴在无名指上表示已婚,戴在小指上表示独身。由于珠宝的象征可用来表达自己的感情,因此可有针对性地选购珠宝以便准确地向自己的亲朋好友表达自己的情感和爱。

1.4 珠宝的属性和价值

1.4.1 珠宝的属性

珠宝作为一种在历史上留传了近万年的贵重商品,其最主要的属性有如下几个方面:

1. 客观物质存在性

珠宝作为自然界形成或人工合成的物质,是客观存在的,它们是由一种或几种化学元素以一定的结合方式形成为单晶体或集合体而存在着,例如钻石是主要由碳元素以共价键的方式结合而形成的单晶体物质,又如翡翠主要是由钠、铝、硅、氧等元素化合而形成的硅酸盐矿物集合体。不论是单晶体,还是集合体,它们均有较为固定的化学成分和物理性质,如硬度、颜色、密度、折射率、双折射率、色散等。

2. 独特的稀有性

自然界形成的矿物有3 000余种,但能被用作珠宝的只有150种左右,而真正作为珍贵珠宝的仅10余种。而这10余种材料中,矿产地不多,产量又极为稀少,如翡翠,至今为止,世界上只有缅甸一处产达到宝玉石级的矿产。

对于天然珠宝,由于它们大多数是不可再生资源,其形成一般需数百万年、数千万年甚至数十亿年。例如,钻石一般形成于30～10多亿年的地幔中,并由1亿年左右的火山作用将此带到地表,在人类历史的尺度内,是无法再生的,由此可见其稀有性,同时也决定了珠宝具有较高的价格,尤其是珍贵珠宝。

3. 主客观的可鉴赏性

珠宝的另一种属性是它们的可鉴赏性,其可鉴赏性既是主观的,又是客观的。其客观的可鉴赏性主要表现在:珠宝由于硬度大、光泽强和颜色美,经过加工后光芒四射,美不胜收,或色彩柔和,质感润泽,因此,无论对于任何国家的人来说,它都是美的。而从另一方面来讲,不同时代的珠宝中蕴含着不同的文化、文明意义及信息,不同种类、不同款式的珠宝,或者同一种类的不同质量的珠宝,甚至同一种类、同一质量的珠宝对不同的国家、不同的民族或不同人都将受其主观意识所影响。例如日本人喜欢金黄色的珍珠,认为黄珍珠是富贵的象征,而中国人则多数讨厌黄色的珍珠,认为人老珠黄不值钱,是失去生命力的标志,这就是珠宝鉴赏的主观性。

1.4.2 珠宝的价值

许多人都了解珠宝具有鉴赏价值和装饰价值,但不仅如此,珠宝实际上有多方面的价值。

1. 储备资产价值

虽然历史上珠宝很少像黄金那样普遍作为官方储备资产,但从历代世界各国王公贵族和统治阶级对珠宝的收藏热情来看,珠宝的确历来就是一部分人重要的储备资产,拥有珠宝的多少、拥有珠宝的珍贵程度也常常成为一国王室财富多少及国力强盛的重要标志。我国在战国时期,珠宝还作为货币而成为一般等价物交换的工具。"珠宝为上币,黄金为中币,刀币为下币"便是最好的说明。

珠宝的储备资产价值的功能主要和它稀少、耐久、体积小、便于携带等特点有关。但由于世界范围内没有统一的质量评判标准,加之其产量极不稳定,因此其作为储备资产的功能受到了限制。

2. 投资价值

珠宝的投资价值是双重的,一方面购买珠宝的人可以从佩戴珠宝中获得成就感和美的享受,得到心理的满足;另一方面,由于绝大多数天然的珠宝是一种不可再生的资源,是一种财富的象征,或者说是一种浓缩的财富,其资产价格逐年上升,其上升幅度通常超过通货膨胀率或银行的存款利息率,因而使购买者获得投资利益。如新疆和田玉仔料在20世纪80年代,优质者价格每千克数百元,目前每千克价格已达数千万元,上涨数万倍。

3.信用价值

珠宝的信用价值同样衍生于珠宝是一种财富、身份和权力的象征物。一般来讲,凡佩戴珍贵珠宝的人,非富即贵,即便其身无分文,其身上佩戴的珠宝也可为他完成支付。这也表明珠宝实际上可以完成资金的有条件暂时让渡或调剂,因此具有信用价值。在中国古代,作为皇帝最高权力象征的"传国玉玺",是其信用价值的更直接体现。

4.美学及装饰价值

珠宝的美包括色泽美、质地美、工艺美和内涵美等,使其具有较大的美学鉴赏价值和装饰价值,这也是珠宝价值中最为被人理解的。珠宝的美学和装饰价值实际上开始于石器时代,我国新石器时代各个文化遗址中都有大量的玉器出土充分说明了这一点。例如距今6500~5000年的红山文化中大量出土的玉龙、玉兽、玉璇玑、玉璧等数十种玉器,玉器的加工采用圆雕、浮雕、透雕、钻孔、线刻等加工技法,风格质朴、豪放,特点是对各种动物形象经过特殊的艺术概括,并讲求神似和准确性的对称感,将玉的美与艺术的美有机结合起来,达到无限美的效果。

5.宗教礼仪价值

珠宝的宗教礼仪价值是从用其作为天、地与人和鬼神与人间中介物开始的。在生产力发展水平较低的社会背景下,由于珠宝具有的很多特殊性质,例如坚硬耐久、色泽美丽、质地纯净等,往往被认为是天神所赐的宝物,通过它们可以与天地和神灵进行沟通,因此常常将珠宝作为灵物用在重要的宗教礼仪上,从而使珠宝一开始就有了宗教和礼仪的功能,据《周礼·大宗伯》记载:"以玉作六器,以礼天地四方,以苍璧礼天,以黄琮礼地,以青圭礼东方,以赤璋礼南方,以白琥礼西方,以玄璜礼北方"。

6.医用价值

珠宝的医用价值为人们认识已有数千年之久。古埃及人相信青金石是治疗忧郁病的良药。希腊人和罗马人曾用青金石粉作为补药和泻药,还有人将青金石作为催生石,认为有促进产妇生产的效用。

我国古代对珠宝的药用价值也早就有所认识。早在公元前770~720年系统描述矿物原料及其功效的《山海经》中就有记载,民间还留传唐代名医孙思邈用琥珀治好一暴死产妇的故事。而中医书中记载有关于琥珀的药性歌:"琥珀肚脐甘平,散瘀通淋能镇惊,癫痫目疾失眠症,辨血腹痛小便通"。因此,琥珀是一味能安五脏、定魂魄、止惊悸、镇静安神、化瘀活血的良药。

更有意思的是，某些宝石名称甚至直接来自于其医学效能，例如墨西哥人认为和田玉可以用来治腰病，是治腰宝石，而翡翠是治肾的宝石，因而它们的名称分别是腰石和肾石。

7. 物用价值

所谓物用价值就是指珠宝可以作为工具器皿或物件使用，从而产生物用价值。珠宝的物用价值最早追溯到石器时代的玉斧、玉刀、玉剑、玉矛等。随着历史的发展，物用珠宝越来越多，如玉角杯、玉奁、玉灯、玉碗、玉碟、玉瓶、玉砚、玉笔、玉印盒、玉笔筒、玉酒具等，至今仍有广泛用途。

8. 研究价值

珠宝研究价值包括多方面内容。由于珠宝是在特定地质构造背景和在一定物理和化学条件下地质作用的产物，通过研究可揭示形成珠宝的自然过程和条件，从而为找寻新的珠宝玉石资源，同时为开展人工合用珠宝、进行珠宝优化处理等提供理论依据。有些珠宝的研究还可揭示古代的自然环境及生命的进化过程，如从琥珀中包含的昆虫研究就可以了解地球上某些昆虫几千万年以来的进化过程等。另外，珠宝可作为研究人类社会变化、文明演化等的实物证据。在各类文物中，珠宝是重要的文物品种，它们记载着人类社会变化、文明演化、一些重要历史事件的重要信息。通过珠宝的研究，我们可以恢复已经消失的文明，复原人类社会演化的历史。通过对不同朝代珠宝品种、款式的研究，可以了解不同时代的生产力发展水平、雕刻艺术风格、风土民俗、社会交往等诸多社会因素的变化，从而为了解人类文化的过程提供见证。因此，珠宝的艺术文化及科学研究的价值是不容忽视的。

1.5 珠宝的性质

珠宝的性质包括结晶学性质、化学性质和物理性质等方面，是鉴赏珠宝的重要基础。

1.5.1 结晶学性质

1. 什么是晶体？

晶体是由其内部质点（原子、离子或分子）在三维空间周期性地重复排列构成的物质，晶体具有以下基本特征：

(1) 晶体在任一部位上都具有相同的物理性质和化学性质；

(2) 晶体的性质随方向不同而表现出异向性；

(3)晶体在外形上或物理性质上,在不同的方向和部位上有规律的重复出现;
(4)晶体能自发地形成封闭的几何多面体;
(5)晶体具有最小的内能和稳定性。

2. 晶族和晶系

根据晶体对称要素的组合特点,晶体可划分为三个晶族七个晶系(表1-1)。

表 1-1 晶体的对称分类

晶 族	晶 系
高级晶族	等轴晶系
中级晶族	六方晶系、三方晶系、四方晶系
低级晶族	斜方晶系、单斜晶系、三斜晶系

在描述晶体的形态时,通常会借助一些假想的固定的线来描述晶面的相对位置,从而建立一个坐标系统,这些假想的线称为晶轴,晶轴常常选择晶体的晶棱方向。

(1)等轴晶系:也称立方晶系。有三根相等且相互垂直的晶轴,常见的晶体单形为立方体、八面体和菱形十二面体。属于等轴晶系的珠宝有钻石、石榴子石、萤石等。

(2)六方晶系:此晶系有四根晶轴,有三根晶轴等长,彼此间120°相交,另一根晶轴垂直于这三根构成的平面,六方晶系常见的单形有六方柱和六方双锥。属于六方晶系的珠宝有祖母绿、磷灰石等。

(3)四方晶系:此晶系有三根相互垂直的晶轴,其中两根晶轴等长,另一根晶轴则不等,常见单形有四方柱和四方单锥。属于四方晶系的珠宝有锆石、符山石等。

(4)三方晶系:对称方式与六方晶系相似,常见单形有三方柱、三方单锥和菱面体。属于三方晶系的珠宝有红宝石、石英、电气石等。

(5)斜方晶系:此晶系具有三根不等长的晶轴,且彼此互相垂直,常见单形有斜方柱和斜方单锥。属于斜方晶系的珠宝有金绿宝石、托帕石、橄榄石等。

(6)单斜晶系:此晶系具有三根不等长的晶轴,有一根晶轴与其他两根晶轴所构成的平面垂直,常见单形有斜方柱和平行双面。属于单斜晶系的珠宝有翡翠、榍石等。

(7)三斜晶系:此晶系有三根不等长的晶轴,且彼此相互斜交,常见单形有平行双面和单面。属于三斜晶系的珠宝有绿松石等。

1.5.2 化学性质

多数天然珠宝是在特定的地质作用和物理化学条件下,化学元素相互结合的产物。珠宝固有的许多性质,从根本上说决定于构成元素本身的性质。因此,化学成分对了解珠宝的性质、进行珠宝真假鉴定和质量评价、开展珠宝合成和优化处理等,都具有重要的意义。

组成珠宝的常见元素有 30 多种,而多数珠宝主要由其中 8 种元素组成,其他元素主要呈微量组分存在。主要化学成分决定着珠宝的矿物学、结晶学和物理性质,但微量成分对珠宝而言同样十分重要,它们可能在很大程度上决定着珠宝的价值,多数珠宝的颜色成因主要归结于以微量成分存在的过渡金属元素 Sc、Ti、V、Cr、Fe、Co、Ni、Cu 等。如翡翠、祖母绿等均因为含微量的 Cr 元素呈艳丽的绿色而价值连城。有时微量元素还决定于珠宝的品种,如刚玉中若含微量 Cr 元素而显红色,即为红宝石,若含 Fe、Ti 等微量元素,将显蓝色等,即为蓝宝石。因此,在珠宝鉴赏时,掌握珠宝的主要成分和微量成分特征均具有极为重要的价值。

一些珠宝矿物由单一的元素组成,它们被称为单质,如钻石,它就是由单一的 C 元素组成的。但更多的珠宝矿物是由两种或两种以上元素按一定比例通过化学作用形成的,这些珠宝矿物称为化合物,它具有能用化学分子式表示的固定组分,如绿柱石,主要是由 Be、Al、Si、O 元素结合形成的化合物,其固定组分可表示为 $Be_3Al_2[SiO_3]_6$。在各种珠宝中,常见的化合物有:

(1)硫化物及其类似化合物:为一系列金属元素与 S、Se、As 等元素相结合而形成的化合物,如白铁矿 FeS_2、黄铁矿 FeS_2 和辰砂 HgS 等。

(2)氧化物类:由一系列金属和非金属元素与氧结合而形成的化合物,如刚玉 Al_2O_3、赤铁矿 Fe_2O_3、欧泊 $SiO_2 \cdot nH_2O$、水晶 SiO_2、金红石 TiO_2、锡石 SnO_2 等。属于复杂氧化物的有尖晶石 $(Mg,Fe)Al_2O_3$ 和金绿宝石 $BeAl_2O_4$。

(3)卤化物类:由金属元素与卤族元素相结合而形成的化合物,如萤石 CaF_2。

(4)碳酸盐类:由金属元素与碳酸根离子相结合而形成的化合物,如孔雀石 $Cu_2[CO_3](OH)_2$、汉白玉 $CaCO_3$、珍珠 $CaCO_3$、珊瑚 $CaCO_3$ 等。

(5)磷酸盐类:由金属元素与磷酸根结合形成的化合物,如绿松石 $CuAl_6[PO_4]_4(OH)_8 \cdot 5H_2O$、天河石 $(Fe,Mg)Al_2(OH)_2[PO_4]$ 等。

(6)硅酸盐类:是由一系列金属元素与硅酸根结合形成的化合物,如锆石 $ZrSiO_4$、橄榄石 $(Mg,Fe)_2[SiO_4]$、托帕石 $Al_2[SiO_4]F_2$、绿柱石 $Be_3Al_2[SiO_3]_6$、电气石 $Na(Mg,Fe,Mn,Li,Al)_3Al_6[SiO_3]_6(BO_3)_3(OH,F)_4$、硬玉(翡翠)$NaAl[SiO_3]_2$、透闪石(和田玉)$CaMg_5(OH)_2[Si_4O_{11}]_2$、月光石 $(K,Na)Al[Si_3O_8]$,等等。

在研究或鉴赏珠宝时,还要注意化合物与混合物的区别。化合物是通过化学作用形成的,也只能通过化学作用来分离;混合物是通过物理过程混合而形成的,同样可通过物理过程来分离。最简单的实例是,盐和铁屑的混合物可通过两种简单的物理方法来将它们分开,一是利用磁铁可吸起铁屑而留下盐;二是用水可溶解盐而留下铁屑。由混合物构成的珠宝也是很多的,许多玉石就是由各种矿物混合胶结而成的混合物,这也是区分宝石和玉石最重要的特征之一,如翡翠就是主要由硬玉加少量角闪石、钠长石等矿物组成的混合物。

1.5.3 力学性质

力学性质是指珠宝在外力(包括地球吸力)作用下所表现出来的物理性质,包括密度、硬度、解理、裂开和断口。

1. 密度

密度是指单位体积珠宝的质量,密度的单位是 g/cm^3。不同珠宝具有各自不同的密度值,故密度是鉴定珠宝重要的物理性质。由于密度的测定与计算十分复杂,在现实中常使用相对密度(比重)来求取密度值。相对密度(比重)的测定与计算相对较简单,它等于珠宝在空气中的重量除以珠宝在空气中的重量减去珠宝在4℃水中的重量。相对密度无单位,在珠宝鉴定中,当考虑密度时,只需在某珠宝的相对密度(比重)值后加上单位 g/cm^3 即可。

2. 硬度和韧度

(1)硬度:是指珠宝抵抗刻划的能力。珠宝硬度有相对硬度法和绝对硬度法两种表示方法,一般使用相对硬度法,相对硬度用摩氏(Mohs,1812)硬度计表示(表1-2)。

表 1-2 摩氏硬度计

相对硬度	代表矿物	相对硬度	代表矿物
1	滑石	6	长石
2	石膏	7	石英
3	方解石	8	托帕石
4	萤石	9	刚玉
5	磷灰石	10	金刚石

利用摩氏硬度计可对珠宝的相对硬度进行初略测定,如某种珠宝能刻划动长石,但又可被石英刻划动,那么这种珠宝的相对硬度就在6～7之间,如和田玉。

(2)韧度:是指珠宝抵抗破碎的能力。主要与珠宝矿物或岩石的结构有关,与硬度不呈正相关系,如钻石硬度最高,但其韧度不如硬度仅为6～7的和田玉。常见珠宝的韧度从高到低排序为:黑色金刚石＞和田玉＞翡翠＞刚玉＞金刚石＞水晶＞海蓝宝石＞橄榄石＞绿柱石＞托帕石＞月光石＞金绿宝石＞萤石。

3.解理、裂开和断口

(1)解理:指珠宝矿物晶体在外力作用下,沿着某些固定方向裂开,并或多或少留下光滑平面的性质,这种光滑的面称为解理面。根据产生解理的难易、解理片的厚薄、解理面的大小及其光滑程度,一般将宝石的解理分为以下五个级别:

极完全解理:在外力作用下极易分裂成薄片,解理面平整光滑,如云母和石墨等。

完全解理:在外力作用下容易沿解理面裂开,解理面较平整光滑,如方解石和金刚石等。

中等解理:在外力作用下不易裂开,但在破裂面上有小面积的阶梯状解理面断续出现,如辉石和角闪石等。

不完全解理:在外力作用下解理面偶尔出现,多数断面上很难找到,如磷灰石。

极不完全解理:在外力作用下一般在晶体上不出现解理,只有在特殊情况下才出现解理性质,如石英。

(2)裂开:因存在聚片双晶或定向包裹体等原因,珠宝矿物晶体在受外力作用后,沿双晶结合面或包裹体分布面等方向裂开成光滑平面,这种性质称为裂开。

(3)断口:指具不完全解理性质的珠宝矿物,尤其是那些没有解理的珠宝矿物晶体、非晶质和矿物集合体,在外力作用下将产生的无一定方向的破裂,这种破裂称为断口。根据珠宝物质组成方式不同,断口也常各有自己固定的形状。常见断口类型有以下几种:

贝壳状断口:断裂面呈椭圆形的光滑曲面,并常呈同心圆纹,形似贝壳,如石英和玻璃的断面。

锯齿状断口:断口呈光滑锯齿状,延展性很强的矿物具有这种断口,如自然铜。

参差状断口:断面参差不齐,粗糙不平,如东陵石等。

纤维状和多片状断口:断口呈纤维状或错综细片状,如和田玉等。

在鉴赏珠宝时,解理、裂开和断口的意义较大。首先,许多珠宝原料其解理、裂开和断口性质可成为鉴定其真假的重要依据,如钻石具完全的八面体解理,并因解理的发育而在其原石表面呈现三角座等标志性特征,若一颗呈八面体外形的晶体原石,当其表面无八面体解理或三角座痕迹时,我们应大胆怀疑其真假。第二,在珠宝评价中,因为解理和裂理的存在,会大大降低其价值,如红宝石,十红九裂,许多红宝石就是因为存在裂理而失去了珍贵的价值。第三,在珠宝加工中,解理、裂开和断口是必须考虑的重要因素,如由于解理面不能抛光,因此在设计加工刻面型珠宝时,任何一小面都不能与解理面平行,否则加工将失败,并由此造成重大的经济损失。第四,在珠宝佩戴时,由于具有完全解理的珠宝碰击而易损坏,必须注意保护。

1.5.4 光学性质

珠宝的光学性质是光与珠宝相互作用而产生的效应,珠宝中常见的光学效应有光泽、光彩等十余种。

1. 光泽

光泽是一种表面光辉,在很大程度上决定于珠宝的折射率,折射率越高,光泽越强,如钻石的折射率较高,因而显金刚光泽。同时,光泽也取决于珠宝加工的抛光程度,抛光越好,光泽越强,因而,要求珠宝加工时要有很好的抛光。珠宝中常见的光泽类型有:

金刚光泽:由金刚石所显示的光泽类型。

亚金刚光泽:由稍比金刚石低的高折射率珠宝(如锆石)所显示的光泽类型。

玻璃光泽:具中等折射率珠宝(如祖母绿)所显示的光泽类型。

树脂光泽:质软且折射率低的珠宝(如琥珀)所显示的光泽类型。

丝绢光泽:某些纤维状珠宝(如石膏)等所显示的光泽类型。

金属光泽:由某些金属单质(如金)及矿物(如赤铁矿)所显示的非常强的光泽类型。

油脂光泽:由具特殊结构(如毛毡状结构)的珠宝(如和田玉)所显示的诸如食用油脂的光泽类型。

2. 光彩(晕彩)

光彩是由珠宝内部的包裹体或结构特征反射出的光所产生的一种反射效应,珠宝中常见的光彩效应有以下几种。

猫眼效应:是在以特殊方式磨成的某些珠宝表面出现的从这一头到另一头呈明显光带的效应。形成猫眼效应必须满足的条件是:珠宝中含有一组极其丰富的呈定向排列的包裹体;切磨珠宝的底面平行于包裹体组成的平面;珠宝必须切磨成弧面型,其长轴方向垂直包体延伸方向(图1-2a)。

星光效应:是在切磨成弧面型的某些珠宝中见到的通常为四射或六射(偶尔十二射)星状闪光的效应。形成星光效应必须满足的条件是:珠宝中必须含有极丰富的至少两个方向定向排列的包裹体;切磨珠宝的底面平行于包裹体排列方向所组成的平面;珠宝必须切磨成弧面型(图1-2b)。

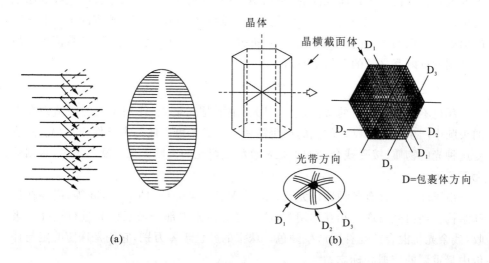

图1-2 猫眼效应和星光效应示意图

月光效应:是光从月光石特殊的正长石与钠长石互层结构中反射并发生干涉所产生的一种光学效应。

3.色散(火彩)

色散就是白光分解成它的组成色(波长)的现象,常用玻璃棱镜来分解。实践证明,透明物体倾斜面以及微小狭缝(相当于光栅)也可产生相同的效果。因为色散,高色散的宝石经精心加工成刻面型宝石后,可闪烁出五颜六色的火彩,如钻石。色散在很大程度上影响某些宝石的美丽程度,从而影响这些宝石的价格或价值。

4.晕彩(变彩)

晕彩是指当光从薄膜或从贵蛋白石所特有的结构中反射时,由于干涉或衍射作用而产生的颜色或一系列颜色。如月光石的月光效应,欧泊的变彩效应。

5.亮度

亮度是指进入切磨珠宝的光从亭部小面反射而导致的明亮程度。亮度一方面取决于珠宝的透明度,另一方面也取决于琢型珠宝正确的切磨比例。珠宝的亮度还与宝石本身的折射率值的高低有关,折射率值越高,亮度越高。如钻石,折射率值2.417,正确的加工比例使钻石不漏光,而格外明亮。

6.折射与双折射

(1)折射:是指光穿过两个不同光密度的介质时,其传播方向发生改变的现象。

折射一般用折射率来表示,它等于入射角的正弦与折射角的正弦之比。

(2)双折射:属于各向异性的宝石具有使入射光分解成两条单独的光线的原子结构,当光进入这些宝石时,原子结构就使入射光分解成在相互垂直的平面上振动的两束独立偏振光,这就是双折射。双折射一般用双折射率来表示,其数值等于最大区别的折射率之间的差值绝对值。

7. 颜色

颜色不是物质固有的特征,它只是光(主要是残余光)作用于人的眼睛而在人的头脑中产生一种感觉。颜色的产生需要三个必不可少的基本条件,即白光源、改变这种光的物质、接受残余光的人眼及解释残留光的大脑。三者缺一不可,否则就无颜色可言。

由于珠宝中含有各种致色元素,如 Ti、V、Cr、Mn、Fe、Co、Ni、Cu 等,或存在特殊结构。当白光与珠宝相互作用时,珠宝将对白光中部分波长的光进行选择性吸收,残余光将混合或互补而产生颜色。珠宝的颜色千差万别,它们是珠宝鉴定与评价中最重要的依据和标志。

8. 多色性

多色性一词是用来描述在某些双折射、彩色、透明的宝石中看到的不同方向性颜色的术语,它包括二色性和三色性。根据颜色变化明显程度可划分强、明显、弱和无几个等级。如电气石为强多色性,有时用肉眼也可以观察到颜色变化。

9. 吸收光谱

纯白光为一连续的从红色到紫色的光谱,但当白光穿过一个有色宝石,一定颜色或波长可被宝石所吸收,这导致该白光光谱中有一处或多处间断,这些间断常以暗线或暗带形式出现。许多宝石显示出在可见光谱中吸收线或带的特征样式,其完整的样式被称为"吸收光谱"。如祖母绿典型的 Cr 光谱。

10. 条痕

条痕是指珠宝矿物粉末的颜色。一般是指珠宝矿物在白色瓷板上划擦时留下的粉末的颜色。条痕除对赤铁矿原石(条痕色为红色)有鉴定意义外,对其他珠宝的鉴定意义不大。

11. 透明度

透明度指珠宝矿物透过可见光的能力,主要与珠宝矿物对光的吸收强弱有关,透明度的大小主要决定于珠宝的成分与内部结构。透明度对珠宝的评价非常重要,许多珠宝越是透明,价值越高。

12. 发光性

发光性指珠宝矿物在外部高能辐射线影响下发射可见光的现象。在珠宝鉴赏中比较重要的发光有荧光和磷光两种类型。荧光指珠宝受高能射线辐照下发射可见光的现象,而磷光指在外部辐射源关闭后具荧光的珠宝仍能继续发光的现象。具有荧光现象的珠宝能使自身的颜色深度提高,从而给鉴赏者一种假象,如红宝石在低纬度地区泰国、高原地区的云南等由于其受较强的紫外线照射会显得比它本身更红、更鲜艳,当你从上述地区购到红宝石回到高纬度或低海拔地区时,其颜色就会变浅、变淡,颜色级别将有所降低。对于有鳞光现象的珠宝,由于其极其稀少,将使其价值大大提高,有的成为无价之宝,传说中的夜明珠实际上就是具有磷光效应的珠宝。

1.5.5 其他重要的物理性质

1. 导热率

导热性是珠宝对于热的传导能力。钻石是天然珠宝中导热率最大的,基于此设计的热导率仪是鉴定钻石最便捷的仪器。由于晶质珠宝导热率均比一些仿制品(如玻璃、塑料)大,在鉴赏珠宝时,可用手摸、舌舔等方式来帮助鉴别其真假。

2. 导电性、压电性、介电性和热电性

导电性是珠宝矿物对电流的传导能力。导电性在珠宝鉴定中也有一定的作用,例如天然蓝色钻石是半导体,而辐射处理的蓝色钻石不导电,通过导电性可以将两者区分开来。

压电性是指某些珠宝矿物晶体,在机械作用的压力或张力影响下,因变形效应而呈现的荷电性质。在压缩时产生正电荷的部位,在拉伸时产生负电荷,在机械地一压一张的相互作用下,就可以产生交变电场,这种效应就称为"压电效应"。压电效应在现代工业中得到了越来越广泛的应用,但在珠宝中的应用还有待于研究开发。

介电性是指珠宝矿物在电场中被极化的性质。热电性是指珠宝矿物在外界温度变化时,在晶体的某些方向产生荷电的性质。介电性和热电性在珠宝工艺材料中的意义较大,使得许多珠宝玉石具有较大的开发应用价值。如电气石保健产品、环保产品等。

3. 放射性和磁学性质

含有放射性元素的珠宝矿物,由于所含的放射性元素能自发地从原子核内放出粒子或射线,同时释放出能量,这种现象叫放射性。产于自然界的绝大多数珠宝放射性远低于我们周围的环境,仅锆石(主要是低型)具有一定的放射性,其原因是它含有 U、Th。但值得重视的是,某些经过辐射处理的珠宝可能带有残余放射性,鉴赏时应高度重视。

珠宝矿物的磁性主要是由于成分中含有铁、钴、镍、钛和钒等元素所致。磁学性质在鉴赏珠宝时也具有一定意义,例如,有核养殖珍珠的鉴定,磁性是重要的依据,又如合成钻石,因为其中往往因含金属片而可被磁铁吸引,可为合成钻石鉴定提供重要线索。

1.5.6 结构构造

对玉石来讲,还涉及结构构造性质。

1. 结构

结构是指组成玉石的矿物的结晶程度、形状、大小以及相互之间的构成关系等。结构是决定玉石质量和鉴别玉石真假的重要性质。如和田玉之所以如此细腻、如此温润,硬度和韧度如此之高,在很大程度上就取决于和田玉非常特殊的结构特征。翡翠的种、水也在很大程度上与结构相关。

2. 构造

构造是指玉石中不同矿物集合体之间,或玉石中各个部门之间,或矿物集合体与其他部分之间的相互关系。如玛瑙的条带状构造。

1.5.7 包裹体

1. 包裹体的概念

在矿物学或地球化学中,包裹体被定义为:"矿物形成过程中所捕获的成矿介质,或矿物中所包含的物质"。与此概念不同,宝石学中的包裹体包含下列内容。①宝石内的固相、液相和气相物质;②宝石的颜色分带和分布;③双晶;④断口和解理;⑤与内部结构有关的表面特征。

2. 包裹体的研究意义

包裹体研究对于珠宝鉴赏有极其重要的意义。一般来讲,包裹体的存在将降低珠宝的净度,但许多珠宝的特殊光学效应因包裹体存在而产生,如星光效应、猫眼效应等。此外包裹体是许多珠宝真假鉴别的关键,如可帮助鉴定天然珠宝与合成珠宝,帮助鉴别天然珠宝与优化处理珠宝,帮助鉴别某些天然珠宝的产地等。

第二章 宝石之王——钻石

2.1 历史与传说

钻石是迷人的,一提到钻石,立即会使人联想到它是极其珍贵的宝石,是宝石之王,是纯洁、无瑕和忠贞爱情的象征,是四月生辰石,还是结婚75周年的纪念石。而与种种传说、迷信交织在一起的一部钻石历史,更增添了钻石的神秘色彩。钻石的历史也是人类文明历史的一个缩影,这里只对其作简要的勾勒,以为钻石鉴赏者提供一个简要的线索。

1. 钻石之初——印度

钻石的历史是从印度开始的。在17世纪之前,虽然婆罗洲也产钻石,但由于其数量极少,因此可以说印度是当时钻石的主要来源地,公元前4世纪印度的文献中已有关于钻石的描述和记载。考古研究发现,印度人在公元前4世纪已用钻石来对其他珠宝的珠子进行凿洞,当时印度人还知道,当两颗钻石相互摩擦时,部分钻石会被磨掉,这开辟钻石加工的先河。在印度人看来,世间万物都有"生世之谜",传说钻石的前世是一位名叫巴拉的勇猛无比的国王,他不仅出生纯洁,其平生所作所为亦光明磊落,当他在上帝的祭坛上焚身后,他的骨头变成一颗颗钻石的种子,众神均前来劫夺,他们在匆忙逃走时从天上洒落下其中的一些种子,这些种子最后变成了蕴藏在高山、森林、江河中坚硬、透明的钻石。

2. 钻石之路——从印度到地中海

与古代中国通向西方的"丝绸之路"一样,连接古印度与西方的则是"钻石之路"。钻石之路实际上由两条路线组成:一为陆路,从印度经现今的两伊、土耳其抵达罗马;二为水路,跨印度洋,经伊斯兰圣城麦加,从地中海南岸埃及的亚历山大港再穿地中海抵达罗马。公元1~3世纪罗马帝国出现的钻石,即是通过这两条"钻石之路"从印度运来的。

3. 给钻石带来新的生命的欧洲

中世纪的欧洲,钻石在人们心目中仍带有各种神秘色彩,如有人认为钻石可以治病,也有人认为钻石是有毒的,吞下去会导致人死亡。有一些关于钻石的迷信则具有一定的积极意义,如将士们认为钻石会给拥有者带来勇气,作战时佩戴钻石,可无往而不胜,又如钻石会使男人对妻子的爱更深。

传至欧美后,钻石的切磨技术得到了发展,威尼斯作为欧洲与东方的一个重要的贸易口岸,这里成为欧洲最早的钻石切磨中心,但其地位很快被安特卫普所取代。到了15世纪晚期,安特卫普的钻石切磨师们已经开始利用涂有细粉钻石的金属盘来对钻石表面进行抛光。到了17世纪,这里的切磨师已能在钻石上切磨出58个面。到18世纪,这里的切磨师们已掌握了钻石的劈开技术。由于钻石切磨技术在欧洲日益完善,欧洲人对钻石的兴趣日渐浓厚,阿姆斯特丹、伦敦也相继成为重要的钻石切磨中心和交易中心。

4. 承前启后的巴西

印度的钻石产量在17世纪达到高峰,年产量大约为5万~10万克拉(ct),其中只有很少一部分达到宝石级。此后钻石产量迅速回落,在1725—1730年间,每年从印度运至欧洲的钻石只有2 000~5 000ct,欧洲的钻石工业面临空前挑战。所幸的是1730年在另一个远离欧洲的大陆南美巴西发现了钻石,并很快取代了印度,成为第一大钻石生产国。在1730—1870年的140年时间里,来自巴西的钻石主宰了世界的钻石市场,其产量在1850—1859年间达到顶峰,平均年产量达到30×10^4ct。由于钻石产量供给充足,钻石也不再是仅仅供王公贵族们享用的奢侈品了,只要有钱,不管你身份如何,你尽可以在市场上购买到你喜爱的钻石。

5. 现代钻石工业的发源地——南非

巴西的钻石一度使世界钻石业兴旺,但其供给量有限。到1861年,巴西的钻石年产量很快下降到17×10^4ct,到1880年,全巴西钻石年产量已有5 000ct。钻石供给这种戏剧性的产量下降对当时欧洲初具规模的钻石业的冲击是可想而知的,好在另外神秘的大陆——非洲传来喜迅。1866年夏季的一天,位于南非奥兰治河岸的德克尔农场一个15岁的男孩发现了一颗重达21.25ct的钻石,这颗钻石被切磨成10.73ct的椭圆形钻石,最初被命名为"奥莱利",当这颗钻石1889年在巴黎举行的万国博览会上向公众亮相时,已被易命名为"尤利卡"(Eureka)。南非钻石出现曙光后,很快在金伯利发现规模巨大的钻石矿床,1872—1903年间,从金伯利城周围的各矿床中开采出来的钻石年产量已达$2000 \times 10^4 \sim 3000 \times 10^4$ct,占全球钻石总产量的95%。由于南非钻石的发现,在此基础上,创立起了世界上最大的钻石公司De Beers公司,并由此开创了不断走向繁荣的现代钻石产业。

6. 中国的钻石历史

中国的钻石历史到底开始于何时,至今没有一个定论,在中国最古老的诗歌

《诗经》中有"他山之石,可以攻玉"的记载,许多学者认为这他山之石就是钻石。此后在《列子》《海内十洲记》中都曾记载过"刀长有咫,切玉如泥"的昆吾刀剑,如果记载详实的话,那么这昆吾刀剑很可能就是以金刚石制成的。但以上记载和由此而得到的认识均只是人们的猜想,无法得到明确的定论。有史可查有关钻石记载最早的是晋朝的《起居注》:"咸宁三年,敦煌上送金刚,生金中,百淘不消,可以切玉,出天竺。"此后在《魏书》《隋书》和《北史》等典籍中也都提及波斯拥有钻石的记载。可以看出,中国最早的钻石不是产自中国本国,而是源于印度。

中国开采钻石最早可能开始于17世纪或更早一些时候,相传17世纪湖南省西部乡民在淘沙金时发现了钻石,直至今日在湖南沅江一带仍有人淘找钻石,并有少量产出。20世纪,中国钻石有较大的发现,首先于1937年在山东郯城县找到一颗重达281.75ct的钻石,即"金鸡"钻石,后因日军抢掠,至今下落不明。20世纪50年代后,中国钻石的找矿取得重大进展,相继在华北、华南、西北发现了钻石及其矿化现象。但初具开采规模的至今只有辽宁瓦房店、湖南、山东等少数几处。1977年12月21日,山东省临沭县华侨乡21岁的姑娘魏振芳在下地做农活时,发现中国至今为止第二大的"常林"钻石,"常林"钻石重158.786ct。她将钻石献给了国家,成为我国的国宝。中国钻石矿虽然产量极少,但品质较高。据有关媒体报道,在瓦房店地区,有一个储量高达 400×10^4 ct 的大型钻石矿尚未开采,这个钻石矿算是中国迄今发现的最大钻石矿了。

7. 钻石贸易

今天的世界钻石原石市场是由总部设在南非金伯利城的戴比尔斯以及通过它设在伦敦的国际钻石商贸公司(DTC)来进行垄断的。该公司原称中央统售机构(CSO),2010年改为现名。戴比尔斯属下有南非的钻石矿,以及与博茨瓦纳、纳米比亚、坦桑尼亚等国政府合作在当地开采的钻石矿,以价值计约占全球钻石产值的50%。从这些钻石矿以及其他主要产地开采出来的钻石矿大多数由DTC分选、评价和销售。DTC只将这些钻石原石销给大约160个固定客户,而且每年只举行10次钻石原石销售会。DTC客户来自全球各地,其中大多数来自安特卫普、特拉维夫、纽约、孟买全球四大钻石切磨中心。

戴比尔斯及DTC百年来的垄断经营对钻石市场的稳定发展作出了巨大的贡献。它不仅未给钻石生产商、交易商、切磨师、珠宝首饰商及消费者带来损害,反而协调了各方的关系,创造了共赢的局面。通过将从世界各地钻石生产商手中收购来的钻石混合后,进行统一分类、统一定价,将钻石市场分割成若干具有不同价格和供需数量的次级市场,构筑成一个有机的统一市场,从而保证钻石生产企业的长期利益,这是大部分钻石生产企业能够联合在一起的一个重要基础。对于普通消费者来说,钻石的单渠道买卖使得他们敢于根据自己的财力购买更多的钻石,即使在战争年代或经济危机时期,钻石批发价格的增长仍大于通货膨胀率,一般来说,钻石购买者总会发现所购买的钻石在不断增值。

除上述主渠道外,钻石贸易还存在其他渠道。如非洲安哥拉、塞拉里昂、民主刚果、利比里亚和津巴布韦等的钻石资源,部分被反政府武装控制,他们按照自己建立的渠道和方式进行钻石贸易,多数用于购买军火,并使这些国家长期处于无休止的战争状态,给国家和人民均带来了巨大灾难。这些钻石常被称为"滴血钻石"。

2.2 基本性质

2.2.1 化学性质

钻石为单质矿物,由碳元素组成,化学分子式是 C。碳原子与碳原子之间以共价键相联结,其结合十分牢固,导致钻石具高硬度、高熔点、高绝缘性和强化学稳定性等特征。除主要成分碳外,还含有微量的氮、硼等成分,并因此可将钻石分为两种类型,即Ⅰ型和Ⅱ型。

1. Ⅰ型钻石

含微量 N,按 N 的存在形式进一步分为下列两类。

(1)Ⅰa 型:N 以原子对或 N3 中心的方式出现。N3 中心越多,钻石越黄,大部分钻石属于此类型。

(2)Ⅰb 型:N 以单原子形式出现,在自然界中此类型钻石少见,这种类型的钻石颜色为黄、黄绿和褐色。

2. Ⅱ型

为不含 N 的钻石,但可能含微量的 B。这种类型的钻石导热性很好,在自然界也少见。进一步分为下列两类。

(1)Ⅱa 型:不导电,具最高的导热率,室温下导热率是铜的 6.5 倍。

(2)Ⅱb 型:因含微量 B 而成为电的半导体,颜色多为蓝色。

钻石的化学稳定性较高,但将其置于 $CrSiO_4$ 中加热至 200℃,将变成 CO_2,在氧化环境中加热至 650~870℃,也可使之变成 CO_2。

2.2.2 结晶学性质

1. 晶系

钻石为等轴晶系,均质体。

2. 结晶习性

钻石原石晶体的单形常为八面体、菱形十二面体和立方体等,还有上述单形组成的聚形(图2-1)。

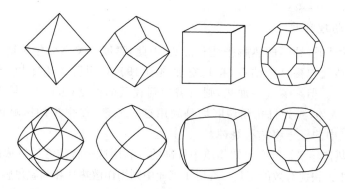

图2-1 钻石原石的常见结晶习性

3. 表面特征

由于受内部结构的控制,钻石晶体发育八面体完全解理,并因此在表面产生典型的三角座标志性特征,成为钻石原石重要的鉴定依据。

2.2.3 物理性质

1. 光学性质

(1)颜色:变化大,常为无色、黄、黑等;少量为绿、红、蓝等色。

(2)光泽:为典型的金刚光泽。

(3)透明度:透明—不透明。

(4)光性:各向同性,因此在偏光镜下为全消光,但钻石因在成矿时受构造作用影响而发生晶格畸变,因而常显异常干涉色。

(5)折射率:2.417～2.419;无双折射。

(6)色散:0.044,较高,表现出很强的火彩。

(7)多色性:无。

(8)吸收光谱:黄色系列钻石在紫区415.5nm处有一强吸收线,淡褐色至淡绿色钻石在绿区504nm处有一窄带,在绿和蓝绿区有两个弱带,415.5nm线也可出现。

(9)荧光:不同钻石所发荧光的强度和色调往往是不同的。一些钻石可显磷光效应,可能使其成为真正的夜明珠。

2. 力学性质

(1)解理:较发育,具八面体完全解理。

(2)硬度:摩氏硬度为10,是世界上最硬的物质,绝对硬度为刚玉的140多倍。但同一颗钻石的不同方向其硬度存在差异,这是钻石能够切磨钻石的根本原因所在。

(3)韧度:钻石虽很硬,且抗压性很大,但性脆,撞击易破裂。

(4)密度:$3.52g/cm^3$。

3. 其他物理性质

(1)热学性质:钻石的热膨胀性非常低,因此,温度的突然变化对钻石的影响极小。无裂隙或无包裹体的钻石,在真空加热至1800℃而后快速冷却,不会给钻石带来任何损害。但在氧气中加热,则只需达到较低的温度(650℃),钻石便缓慢燃烧变为CO_2气体,激光打孔和切磨均是利用这一原理,在很少的区域内提供集中热量,使空气中的氧气将钻石烧掉。

钻石的热传导率是所有已知物质中最高的。利用这一特殊性质制成的热导仪成为钻石检测中最快捷有效的工具。在电子工业中则用作散热片和测温热感应器件。

(2)电学性质:除少数罕见的天然蓝色钻石(Ⅱb型)外,钻石一般是绝缘体。钻石越纯净,其晶格越完美,则其电绝缘性就越好。

(3)表面吸附性:钻石表面不能被水湿润,但具特殊的亲油性,这一性质常被用于钻石的鉴定和选矿中。

2.3 真假鉴别

在鉴赏或购买钻石时,确定钻石真假是前提。随着科学技术的发展,钻石仿制品越来越多,合成钻石技术水平不断提高,优化处理技术与方法不断进步,钻石真假鉴别难度越来越大。为了正确地鉴赏钻石,必须要准确地回答下列问题:

(1)所鉴赏的对象是否为钻石?

(2)若为钻石,它是天然的还是人工合成的?

(3)若为天然的,有无经过人工优化或处理?

要准确回答上述问题并非易事,除需专业培训外,还需要长期的实践,有时还必须借助于大型仪器或专业实验室。以下仅针对性地提供一些线索,供鉴赏者参考。

2.3.1 仿制品的鉴别

天然材料和人造材料均可用来仿制钻石。能用来作钻石仿制品的天然宝石相对较少,主要有锆石、蓝宝石、黄玉和水晶等。人造材料却较多,有玻璃、合成蓝宝石、合成尖晶石、合成金红石、钛酸锶、钇铝榴石、钆镓榴石、立方氧化锆(CZ)和合成碳化硅等。其中有些人造材料的物理性质和外观与钻石极相似,因此具有很大的欺骗性。

由于上述仿制品的物理性质与钻石差异较大(表2-1)。只要测得其物理性质,就能将它区分开来。但有时在加工成成品后,其物理性质不易测得,在这种背景下,要鉴别仿制品有时有一定困难。这里提供下列较实用的流程(图2-2),以供参考。

表2-1 钻石及其仿制品的鉴定特征表

宝石名称	折射率	双折射率	密度 (g/cm^3)	色散	硬度	其他特征	备注
钻石	2.417	具异常双折射	3.52	0.044	10	金刚光泽,棱线锐利笔直	可先用热导仪后用590型测试仪鉴别它们
合成碳化硅	2.67±0.02	0.043	3.20±0.02	0.104	9.25	明显的小面棱重影;导热性很好	
钛酸锶	2.409	无	5.13	0.190	5.5	极强的色散,硬度低,易损,含气泡	
立方氧化锆(CZ)	2.09~2.18	无	5.60~6.00	0.060	8~8.5	很强的色散,气泡或熔剂状包裹体;在短波下发橙黄色光	在相对密度为3.32的重液中它们均快速下沉
钇镓榴石(GGG)	1.970	无	7.00~7.09	0.045	6.5~7	密度很大,硬度低,偶见气泡	
白钨矿	1.918~1.934	0.016	6.1	0.026	5	密度大,硬度低	
钇铝榴石(YAG)	1.833	无	4.50~4.60	0.028	8~8.5	色散弱,可见气泡	
合成金红石	2.616~2.903	0.287	4.26	0.330	6.5	极强的色散,双折射很明显,430nm截断,可见气泡	用放大镜透过台面可见明显的小面棱重影
锆石(高型)	1.925~1.984	0.059	4.68	0.039	7.5	双折射明显,磨损的小面棱,653.5nm吸收线	
蓝宝石	1.760~1.770	0.008~0.010	4.00	0.018	9	双折射不明显	
合成尖晶石	1.728	具异常双折射	3.64	0.020	8	异形气泡;在短波下发蓝白色荧光	可用折射仪测试它们的折射率或双折射率
黄玉	1.610~1.620	0.008~0.010	3.53	0.014	8	色散弱,双折射不明显	
玻璃	1.50~1.70	具异常双折射	2.30~4.50	0.031	5~6	气泡和旋涡纹;易磨损;有些发荧光	
拼合石	变化	变化	变化	变化	变化	上下的光泽和包裹体不同,接合面和扁平状气泡	可放入水中并从侧面观察成层构造

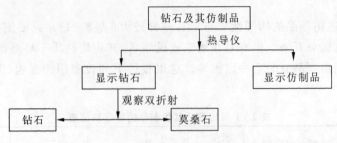

图2-2 钻石与仿制品的鉴别流程图

2.3.2 合成品的鉴别

合成钻石不是钻石的仿制品，它的物理性质、化学性质和结晶学性质与天然钻石一样，只不过是在实验室或工厂中由人工合成出来的。由于天然钻石是在地球上地幔岩浆中慢慢结晶出来的，而合成钻石是在实验室或工厂从石墨与金属熔体中快速结晶形成的，因而导致天然和合成钻石在晶体形状、包裹体特征、发光性、吸收光谱和磁性等方面存在某些差异，这些差异成为我们鉴别它们的重要证据。

自从1953年前第一粒合成钻石面世以来的很长时间里，由于合成技术不完善，多数合成钻石只能达到工业品质，很少达到宝石级，而且成本比天然开采还昂贵，所以以前合成钻石很少流入市场，人们似乎高枕无忧，看到钻石理所当然认为是天然的。但是最近几年，随着合成技术的不断提高，成本随之降低，产量成倍增长，品质越来越好，近无色干净者越来越多，合成钻石已对市场产生了较大冲击。与鉴别仿制品相比，合成钻石的鉴别更加困难，但仍有一些依据和方法可将两者区分开来（表2-2）。

2.3.3 优化处理品的鉴别

由于钻石是一种较贵重的宝石，尤其是净度好、色级高、重量大的钻石并不容易发现，因此人们想方设法改善品质低的钻石，这样不仅可充分利用钻石资源，而且可满足一些消费者想花较少的钱可购得看似较高级别钻石的需求。按理销售商在销售处理钻石时必须向顾客公开说明处理的情况，否则，就是欺骗行为。但市场上的实际情况并非如此，因而鉴别处理钻石也是钻石鉴赏者的一项重要的任务。

处理钻石常见的方法有：拼合、玻璃充填、激光钻孔、辐射和热处理、涂层和镀层等，其中玻璃充填和激光钻孔是为了提高钻石的净度，而辐射、热处理、涂层和镀层是为了改变钻石的颜色，拼合是为了提高钻石的重量。涂层和镀层处理是较古老的处理方法，现在并不常见。

表 2-2 天然钻石与合成钻石区别表

特 征	天 然 钻 石	合 成 钻 石
晶 体	常见八面体,极少出现立方八面体;晶面常为粗糙弯曲的表面,圆钝的晶棱	以立方八面体为主,晶面平直光滑,具锐利的晶棱,某些晶体可见仔晶
包裹体	天然晶体矿物包裹体,不含金属包裹体	金属包裹体常见
生长纹	较平直	"停车标志"或"砂漏状"的生长纹
紫外光	多数为蓝白色,长波发光强于短波	黄绿色,短波较强,不均匀,持久的磷光
磁 性	不会被磁铁吸引	有些含有金属包裹体而被磁铁吸收
吸收光谱	多数开普系列钻石可见415nm处吸收线	无 415nm 处吸收线
异常双折射	复杂,不规则带状、斑块状的十字形	较简单,十字形交叉的亮带
色 带	大多数较均匀	颜色分布不均匀,有时呈斑块状

1. 钻石拼合石的鉴别

钻石拼合石常见有二层石和三层石两种情况,基于拼合材料又有多种可能,第一种是拼合的各部分均是其他相似材料,其中并无钻石;第二种是顶为真钻石,其余各部分是仿制材料;第三种情况是拼合的各部分均是真钻石,只是将几颗重量小的钻石拼合成一颗重量大的钻石而已。不管是那种情况,拼合石的鉴别都不困难。从侧面看,一般都能看到拼合缝,从冠部或亭部在透射光下可看到拼合面上的气泡等,其他物理特征也可能存在较大差别。

2. 玻璃充填钻石的鉴别

1982 年,以色列的 Zvi Yehuda 首先发明用熔化的玻璃充填钻石裂隙以提高钻石的净度的方法。以色列的 Goldman Oved 于 1993 年开始制造并向市场抛售玻璃充填的钻石。1994 年,以色列的 Koss & Shechter 也制造和抛售玻璃充填的钻石,因此,自从 1993 年开始,市场上便有大量的玻璃充填钻石。据 GIA 统计,Yehuda 处理的钻石净度比处理前提高将近一个级别,但内部充填物的存在使色级降低一级;Koss 处理的钻石净度提高一个级别,色级不变;Goldman Oved 处理的钻石净度将提高 1~2 级,色级也不变。充填的过程是在真空中将具有高折射率的铅玻璃状物质注入钻石中延伸到表面的裂隙内,这样可以在一定的程度上掩盖钻石内部的裂隙。

将玻璃充填钻石放在显微镜下观察时,转动钻石,当背景变亮时,充填裂隙部位显现由橙色变为蓝色,或紫红色变成黄绿色的特殊闪光效应,还可见流动构造和扁平状气泡。

3. 激光处理钻石的鉴别

在钻石上用激光打一个微小的孔洞,直通包裹体,使其在激光束作用下气化掉,或用强酸溶蚀掉,之后用玻璃注入充填孔洞。激光钻孔的直径很小,一般为 2.5~25μm,深度是变化的。激光处理主要是为了消除钻石内的包裹体,以此提高钻石的净度。微小孔洞和充填物形成特殊的包裹体成为鉴别激光处理钻石最重要的特征。

4. 辐射处理和热处理

辐照处理能产生色心,色心可产生或改变颜色,加热又能使色心固定下来,因此,辐射和加热可钻石外观得到改善。经辐照和热处理的黄色和褐色钻石的吸收光谱在黄区(594nm)显一条线,蓝绿区(504nm、497nm)显几条线。经镭处理的钻石可用盖革计数器或自动射线照相来检测。经回旋加速器处理的钻石显示与琢型形状和轰击方向有关的环带,从亭部方向轰击的圆多面型钻石,透过台面观察时可见围绕底面雨伞状的环带;若从冠部方向轰击,则可见围绕腰棱的深色环;若从侧面方向轰击,靠近轰击源的一侧颜色较深。颜色仅分布于表层的经辐射处理的钻石在浸液中容易观察到,经辐射致色的蓝色钻石不能导电,为绝缘体。

5. 涂层和镀层

用难擦掉的蓝色笔在略带黄色的钻石腰棱或亭部小面涂上颜色,可消除或改善钻石的黄色调。检测时仔细地擦洗可将涂色除去;有些用氟化物镀层,就像照相机镜头镀层一样,这种镀层是抗酸的,但在反射光中显淡蓝色或淡黄色的表面"晕"。

2.4 质量评价

钻石的价格与钻石的品质息息相关,同样都是天然钻石,因品质的细微差别就会引起钻石价格的较大波动,可以说钻石是日常生活中价格差别最大的商品之一。其实,在目前珠宝市场上,经常引起纠纷的往往不是在于钻石的真假与否,因为卖假钻石的珠宝店越来越少,而绝大多数在于钻石品质的分歧上,因为品质上存在问题的钻石还很多。由于大家希望所购钻石物有所值,由此希望制定一个统一的品质标准来对钻石的品质进行评价。经过国际钻石业的努力,已制定出在国际较为统一的公认的钻石品质评价标准,这个标准包括克拉重量(Carat weight)、颜色(Color)、净度(Clarity)和切工(Cut)四者,由于这四个评价标准的英文字母均以"C"开头,所以行业中习惯将此称为"4C"评价标准。

2.4.1 克拉重量

1. 重量的表示

(1)克拉(Carat):克拉是表示钻石重量最常用的单位,简称为克拉,习惯上克拉缩写成"ct"。1 克拉等于五分之一公制克,即 1ct=0.2g=200mg。

(2)分(Point):对于不足 1 克拉的钻石,其重量常用分来表示。1 克拉的百分之一称为 1 分,即 1ct=100 分(通常写成 100pt)。

(3)格令(Grains):25pt 称 1 格令。这个单位用来表示钻石的近似重量,例如半克拉的钻石称大约 2 格令等。

(4)每克拉有多少颗:对于小的钻石,行业中习惯不说其重多少克拉或多少分等,而是用每克拉有多少颗表示。例如一包钻石共有 50 颗,大小近乎一致,总重量 1ct,在描述这批钻石时说"每克拉 50 颗",而不说每颗 2pt,因为每颗小钻石的重量不可能完全相同。

2. 重量测定或估算

对于未镶嵌钻石,其重量可用天平精确称得。但天平有许多种,每种天平的精度存在差异,因此,我们在使用天平时,还要十分注意天平的精度。目前宝石行业中使用的电子克拉天平,其精度可达到 0.001ct,基本能满足要求。

对于已镶的钻石,其重量的精确测定有困难,但如果切割比例标准,也可进行重量估算。不同琢型的钻石有不同的估算公式,例如圆多面琢型钻石的重量估算公式是:

$$\text{标准圆多面琢型钻石的重量} = \text{腰棱平均直径}^2 \times \text{高度} \times 0.0061$$

直径和高度等可用各种量具、卡规等测量,单位是 mm。钻石的重量单位是 ct。

3. 克拉重量与价格

在颜色、净度和切工都相同的情况下,钻石重量越大,价格越高。在行业中,钻石的价格是用"每克拉多少钱"来表示,但钻石价格与克拉重之间并不是简单的线性关系,而是在克拉溢价处出现台阶式的突变,例如一颗 1ct 的钻石比一颗 0.99ct 的钻石的单价将高出 10% 以上,即重量相差 1 分,价值可能相差 10% 以上。国际上通常将钻石划分出不同的重量级别,同一重量级别的价格基本一样,但不同的重量级别的价格却明显存在差别,即存在溢价台阶,而且重量越大,不同级别间的溢价台阶就越大。

2.4.2 颜色

1. 颜色的等级特征

钻石根据颜色可划分为两个系列,一个是带颜色的异彩系列(Fancy Colour Diamonds),如红色、蓝色、紫色和棕色等。这个系列的钻石在自然界非常稀少,故在价值上也较高,评价需单独进行。另一个系列是数量相当大的无色系列,这个系列的钻石要求越是无色,价值越高。但由于钻石中或多或少含少量氮等杂质元素,因而或多或少带黄色色调。为了评价这个系列的钻石,国际上提出了许多分级体系,目前世界上主要的钻石分级体系是 GIA 和 CIBJO 的分级体系(表 2-3)。GIA 的分级体系是一英文字母体系,这一体系从最好颜色 D 开始,终结于 Z;CIBJO 分级体系则用简单的术语来描述色级;中国的钻石分级体系则采用 100 制的方法,即将最好的颜色定为 100,其他依次类推。

2. 分级实践

钻石的颜色分级一般要求有以下四个基本条件,即一套标准比色石、合适的灯源、中性的分级环境以及经验。

(1)标准比色石:一般由 7 颗钻石构成,每一颗钻石都代表一种标准"颜色",对应于一个色级的下限或上限。将一颗未知钻石的颜色与比色石逐一进行比较,即能得到该钻石的颜色色级。需要注意的是:一个色级代表着一个颜色范围,许多被评为同一色级的钻石,经仔细观察,其色调仍有轻微差异。

(2)合适的光源:在颜色分级时,需要一种标准的、无紫外线的人造光源。钻石颜色分级中推荐使用的光源是 5000/5500K,这种光源是在相对于绝对零度(-273℃)的温度下产生的。

(3)中性的分级环境:环境会影响到对钻石颜色的感觉,如来自非标准灯的散射光和从四周窗户进来的日光都会使钻石发荧光,又如墙壁及顶棚的颜色色调会妨碍观察并影响分级,因此,分级要求有一个中性的分级环境,在黑暗房间中使用标准光源是最理想的,或是一间半暗的房间,其墙壁和顶棚为中性淡色。

(4)经验:钻石分级要求有经验丰富的钻石分级师,能够灵活地掌握各种分级标准,准确进行钻石分级。

表2-3 各种钻石成色等级比较对照表

美国宝石学院（GIA）		国际钻石委员会(IDC) 国际珠宝联合会(CIBJO)	中国		肉眼观察特征
白色类	D	特白(Exceptional white +)	100	极白	一般肉眼观察无色
	E	特白(Exceptional white +)	99		
	F	优白(Rare white +)	98	优白	
	G	优白(Rare white +)	97		
	H	白(White)	96	白	
微带黄色（从亭部观察）	I	淡白(Slightly tinted white)	95	微黄白	小于0.2ct的钻石感觉不到颜色；大颗钻石可感觉到有颜色存在
	J		94		
	K	微白(Tinted white)	93	浅黄白	
	L		92		
黄色类（从任何角度观察都显黄色）	M	一级黄(Tinted 1)	91	浅黄	一般肉眼感觉到具有颜色
	N		90		
	O	二级黄(Tinted 2)	<90	黄	一般人均感到黄色的存在，而且感到黄色调越来越明显
	P				
	Q	三级黄(Tinted 3)			
	R				
明显黄色	S-Z	黄(Yellow)			

3. 分级步骤

颜色分级一般采用比色法，即将待评价钻石与标准的比色样石进行比较，以决定待比未知样品的颜色级别。分级的第一步是清洗待测钻石和比色石。然后在标准光源下逐一仔细地将待测钻石与比色石进行比较，直至最终确定待测钻石的颜色级别。

4. 颜色与价格

颜色对钻石价格影响较大，在重量、净度和切工相同的情况下，颜色级别越高，钻石价格越高，例如按2012年的国际钻石报价，重量为1ct、净度为VVS1、切工相同的钻石，颜色为D的价格为20 900美元/ct，而颜色为K的价格为6 500美元/ct，相差超过3倍。

2.4.3 净度

1. 分级体系

目前世界各国流行的钻石净度分级体系见表2-4，分级时主要依据钻石内部及外表瑕疵，它们在国际上有统一的名称、标志及颜色。外部瑕疵统一用绿色笔划表示，主要有磨蚀、多余刻面、原晶面、伤痕、小白点、磨痕、磨痕疤等；内部瑕疵特征统一用红色笔划表示，主要有毛边、碎伤、破洞、缺口、云状物、羽状裂纹、结晶包体、内部生长线等。

表2-4 各种钻石净度等级系统对照表

美国(GIA)	国际钻石委员会(IDC)	英国	德国	中国	鉴定特征
完全无瑕(FL)	loupe clean	FL	IF	无瑕	10倍镜下看不到任何包裹体或缺陷
内部无瑕(IF)					10倍镜下发现少量通过抛光可消除的外部缺陷
非常极微瑕 VVS_1	VVS_1	VVS	VVS	VVS	10倍镜下可发现针状包裹体1~2个，微小且不明显
非常极微瑕 VVS_2	VVS_2				
极微瑕 VS_1	VS_1	VS	VS	一号花	10倍镜下易发现少量细小矿物包裹体
极微瑕 VS_2	VS_2				
微瑕 SI_1	SI	SI	SI	二号花	10倍镜下十分容易发现矿物包裹体，肉眼可见矿物包裹体
微瑕 SI_2					
一级瑕 I_1	P_1	1stPK	PK_1	三号花	肉眼可见矿物包裹体和较大的解理及裂隙
二级瑕 I_2	P_2	2ndPK	PK_2	四号花	
三级瑕 I_3	P_3	3ndPK	PK_3	(大花)	

2. 分级的必要条件

(1)钻石清洁：钻石具有亲油性，因此在分级前需将所有的油脂和脏物从钻石上清除。

(2)透镜的放大倍数：对净度分级，国际上议定用经过校正的10倍放大镜。

(3)照明条件：要求尽可能多的光进入钻石亭部。

3. 分级步骤

(1)每个小面逐一检查。

(2)确定净度的级别。主要考虑的因素是:瑕疵的数量,数量越多,级别越低;瑕疵的大小,瑕疵越大,级别越低;瑕疵的位置,瑕疵越靠中部,对净度的影响就越大;瑕疵的明亮度,瑕疵越暗,级别越低;瑕疵的类型,一般裂隙类瑕疵由于破坏了钻石的耐久性,因此对钻石的净度影响最大。

4. 净度与价格

在其他标准相同的情况下,钻石的净度越高,价格也就越高。例如,按2012年的国际钻石报价,重量为1ct,颜色为H,切工非常好的钻石,净度为FL的价格为18 000美元/ct,净度为VS_2的价格为9 500美元/ct,相近差2倍。

2.4.4 切工

钻石的切工(Cut)主要指切磨钻石的形状和款式、比例和修饰度。为了最大限度地体现钻石的美,按理想的比例并精确加工十分重要。钻石最常见的琢型是圆多面琢型(图2-3、图2-4)。标准的圆多面琢型共有58个小面(表2-5)。

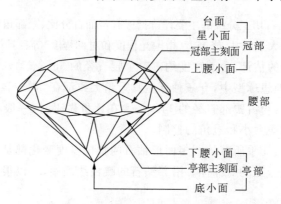

图2-3 圆多面型钻石的组成部分及各种小面示意图

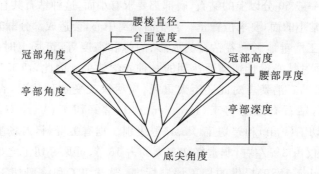

图2-4 圆多面琢型的比例示意图

表2-5 圆多面琢型的组成小面

部位	名称	形状	数量
冠部	台面	正八面形	1
冠部	冠部主刻面	四边形	8
冠部	冠部星小面	三角形	8
腰部	上腰小面	三角形	16
亭部	下腰小面	三角形	16
亭部	亭部主刻面	四边形	8
亭部	底面		1
合计			58

圆多面琢型钻石切工分级的主要评价指标有台面百分比、冠部角度、底部深度百分比、腰部厚度、尖底大小尺寸、修饰度(指抛光程度和对称程度)等。具体内容如下:

(1)台面大小的估计:台面宽度约占整个腰直径的56%。

(2)冠角:在理想琢型中,有三种琢型其冠角大致都在33°~34°30′之间。

(3)冠部高度:约占腰部直径的14.4%。在评价做工时,一般不单独评价冠部高度,它主要受台面大小和冠角的控制。

(4)腰棱厚度:几乎所有的圆多面形钻石的腰棱厚度变化都是有16处最厚、16处最薄,这取决于做工的对称性。沿着钻石的腰棱线观察,可以很容易地观察到波浪形腰棱。

(5)亭部深度:亭部深度一般约为腰部直径的43%。

(6)底面:一般50分以上的钻石,底部都要求有小面,这种钻石共有58个面。底面只是一个非常小的面,要求位置正。若底面偏离中心,会造成部分漏光的现象。

钻石的切工严重地影响着钻石的火彩、闪烁和亮度等,市场上时兴的"八心八箭"钻石也是通过精心设计切磨而达到的一种光学效果。因此,切工对钻石价格影响极大,但我国钻石消费者对此还不太重视,应尽快改变这种状况,否则会造成损失。根据好坏,钻石有理想切工(Excellent)、非常好切工(Very Good)、好切工(Good)、一般切工(Fair)和差切工(Poor)等级别。据有关资料,市场上的钻石能达到理想切工者仅占3%左右,非常好切工大约占15%,可见好切工之难得。

按照Mattins(1989)提供的切工评判标准,理想切工和一般切工钻石价格相差数倍,我国钻石消费者应对切工高度重视。

第三章 绿色之王——祖母绿

3.1 历史与传说

祖母绿的历史和其他许多珍贵宝石一样,久远而丰富多彩。据历史记载,早在6 000多年前,古巴比伦的市场上就有祖母绿出售。在古希腊,祖母绿被称为"绿色的石头"和"发光的石头",把它作为献给希腊神话中爱和美的女神"维纳斯"的高贵珍宝。古罗马人也很喜欢祖母绿,据说罗马暴君尼禄有个用祖母绿制成的眼镜,同时,尼禄还凭借他的权力到处搜寻祖母绿。古代波斯人同样喜欢祖母绿,据不完全统计,仅伊朗王室所珍藏的祖母绿珍宝就有数千件之多。在古印度,大多数传说往往把祖母绿与非洲联系在一起,古印度人按"纳瓦拉特那"风格制作的金指环或银指环中,同样镶满了祖母绿。在印加帝国,其国王的纯金王冠上镶有453颗祖母绿,共重1 521ct,其中最大的一颗45ct,1593年此王冠被安置在哥伦比亚大教堂的圣母像上。

提到世界著名的祖母绿,不得不说那条法拉(Fura)项链。1600年,在哥伦比亚首都波哥大以北200km的木佐,一次洪水过后,黑色的污泥中露出了翠绿色的祖母绿的晶体,在阳光下闪闪发光。摩斯卡斯人挑选出最好的晶体制做成一条精美的项链献给了当地的法拉公主,因此,这条项链又被称为法拉项链。项链上的祖母绿未经切磨,是由祖母绿原始晶体(呈六方柱状)镶嵌而成,后来的摩斯卡斯人将此项链世代相传,据说还成功化解过西班牙殖民地掠夺该项链的图谋。后来,这条珍贵的项链进入哥伦比亚卡伦扎(Carrenza)家族之手,后来,一位美国富豪曾出2亿美元购买这条项链,但未能如愿。

在祖母绿的历史中,值得一提的是,哥伦比亚祖母绿矿的发现和被开采利用。哥伦比亚的祖母绿世人皆知,而且质量上乘,到目前为止,世界上最大的重达1 796ct的天然祖母绿就产于哥伦比亚。早在公元1000年时,土著人就在哥伦比亚神秘的丛林中挖掘祖母绿。在西班牙人征服印第安人时,印第安人严守秘密,甚至清除了开采祖母绿的坑口,所以西班牙人过了很多年后才又发现了产祖母绿矿藏的地点。1555年后,一位名叫德佩纳戈斯的西班牙人在木佐地区骑骡时,一颗祖母绿扎进骡掌,于是在西班牙征服者中间掀起了寻宝热,但是在骁勇善战的印第安人的阻挠下,四年后他们才发现了第二块祖母绿。据说,西班牙人准备放弃找矿,他们的部队在撤退前杀鸡祭祀时从鸡的嗉囊中发现几颗宝石,部队又重新开始找矿,这一次终于找到了。由于木佐矿区位处崎岖的山区,开采艰难,西班牙征服者的压迫使印第安矿工们纷纷外逃,采矿业不久趋于萧条,在18世纪已被人遗忘。1928年,哥伦比亚人伊格纳西奥和政府签定了采矿合同,并请来了英国的工程师,用先进方法开采出一批祖母绿。这些高品位的祖母绿拿到巴黎出售,使欧洲珠宝商们大开眼界,从此哥伦比亚祖母绿被公认为世界上最好的祖母绿,木佐矿也恢复了生机。

继木佐矿后,契沃尔矿1896年被重新发现。弗朗西斯科从历史档案中找到资料,他开始了长达17个月的探寻,当他在深山丛林中迷了路并且身上发烧时,他用望远镜在远处没有找到的东西却在自己的脚下发现了契沃尔旧矿的朽木,由此发现契沃尔矿。

这些发现很快使祖母绿国际市场兴旺起来,并一直延续至今。哥伦比亚的首都圣菲波哥大市中心的希门尼斯大街是世界上最大的祖母绿市场,那里的生意兴旺,数以百计的人就在街头做买卖,每天都有成千上万来自各国的商人或消费者在此购买祖母绿。

中国古代历史记载中未见有关祖母绿的记载。一般认为,祖母绿传入我国是通过"丝绸之路",由西域商贾从阿拉伯带入的,但尚无史料记载或实物证实。中国祖母绿矿产的发现最早是在20世纪70~80年代(吴世泽,2004),1984年发现宝石级祖母绿,1992年祖母绿晶体有较多采出,并被当作标本在市场上出售,从而引起业内人士的重视。祖母绿的具体产地为云南省文山州大丫口地区,祖母绿晶体呈单晶、多晶或晶簇状分布,颜色以绿-淡绿为主,部分灰绿、黄绿色,偶见带蓝的绿色极品晶粒。总体上讲,云南祖母绿质量不高,主要作标本和观赏石用。2004年,在新疆南部西昆仑、喀喇昆仑、帕米尔三大构造单元的结合部位发现了祖母绿矿产(禹秀艳等,2011),质量较高,但产量有限,未能对市场产生较大影响。

祖母绿往往与传奇乃至迷信的色彩联系在一起,所构成的祖母绿文化同样既丰富又迷人。祖母绿自被人类发现开始,便被视为具有特殊的功能,它能驱鬼避邪,还可用来治疗许多疾病,如解毒退热、解除眼睛疲劳等。而恋人们则认为它具有揭示被爱者忠诚与否的魔力。它是一种具有魔力的宝石,它能显示:"立下誓约的恋人是否保持真诚。恋人忠诚如昨,它就像春天的绿叶。要是情人变心,树叶也就枯萎雕零"。20世纪初,在英国有个动人的"爱江山更爱美人"的故事。故事的女主角辛普森夫人有一个硕大无比的祖母绿戒指。这个戒指正是来自为她放弃王位的前国王爱德华八世,后来成为温莎公爵的定情信物。更神奇的是,据说祖母绿可使修行者具有预见能力,持有者在受骗时,祖母绿会改变颜色,发出危险的信号。总之,在祖母绿身上,往往弥漫着神秘的色彩,令人心弛神往。

剥去她神秘的面纱,"五月生辰石"、"巨蟹座的星辰石"和"55周年结婚纪念石",祖母绿并非只是外表华丽的宝石,她因与政治和权利的结影相随而创造传说和人类的历史。古代的埃及人、罗马人、阿兹特克人就视祖母绿为无价之宝,欧洲人则认为她是王者之石。

直到今天,珠宝鉴赏家、收藏家们依旧认为她是众石之王。他们相信,佩戴上祖母绿可以使人得到智慧、生命力和平静之心。在恋爱中的人获得此力量便会白头偕老。因此,祖母绿成为表达爱、奉献、忠贞最完美的馈赠礼品。

3.2 基本性质

3.2.1 什么是祖母绿?

祖母绿英文名称为 Emerald,起源于古波斯语"Zumurad",原意为"绿色之石"。汉语中原译为"助木刺",《西厢记》中译为祖母绿,后流传至今。祖母绿来自矿物绿柱石,绿柱石的化学成分为 $Be_3Al_2[SiO_3]_6$,纯净的绿柱石一般为无色透明,但因含有不同的致色元素,如铁、锰、铬、钒、钛等而呈现不同的颜色,当含致色元素铬时,呈十分美丽的翠绿色,这种绿色的绿柱石即为珍贵的祖母绿。祖母绿是绿柱石宝石家族中最出色的成员。

3.2.2 基本性质

1. 化学成分

铍铝硅酸盐,化学分子式为 $Be_3Al_2[SiO_3]_6$,并含致色元素铬。

2. 结晶学性质

(1)晶系:六方晶系。

(2)结晶习性:晶体常呈六方柱状(图3-1)。

(3)晶体表面特征:六方柱状晶体的柱体表面上发育有平行于晶体长轴的纵纹,并经常见垂直于柱体的解理。

3. 物理性质

(1)力学性质

解理:不完全解理,与晶体底面平行。

断口:贝壳状。
硬度:7.25~7.75。
韧度:较小,因而祖母绿显脆性。
密度:2.7~2.9g/cm³。
(2)光学特征
颜色:绿色。
光泽:玻璃光泽。
透明度:透明—半透明。
折射率:1.56~1.59。
双折射率:0.004~0.009。
光性:一轴晶,负光性。
色散:色散低(0.014)。
多色性:明显。

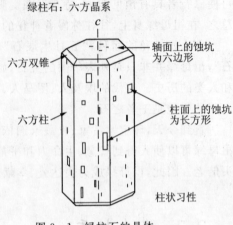

图 3-1 绿柱石的晶体

发光性:在长波紫外线下呈无或弱色荧光,弱橙红至带紫的红色荧光;短波紫外下无荧光,少数呈红色荧光。X射线下呈很弱的红色荧光,可见到短时间与体色相近的磷光。绝大多数绿母绿在查尔斯滤色镜下呈红色或粉红色,这种发光效应常被作为鉴定祖母绿的主要依据。

可见光吸收光谱:主要呈现铬的吸收谱,这被目前当作是鉴别祖母绿和绿色绿柱石宝石的重要依据。

3.3 分类及品种

祖母绿的分类有多种方法,主要取决于分类的目的以及采用的分类依据。分类不同,祖母绿的品种特征也有很大不同。

3.3.1 按特殊光学效应分类

按有无特殊光学效应或特殊光学现象分成下列四个品种。

1. 祖母绿

这是不具任何特殊光学效应的祖母绿。市场上最常见,也是祖母绿最主要的品种。

2. 祖母绿猫眼

这是具猫眼效应的祖母绿。十分少见,价格昂贵。

3. 星光祖母绿

这是具星光效应的祖母绿。显星光效应的祖母绿比祖母绿猫眼更少，因此价格更为昂贵。

4. 达碧兹祖母绿（Trapiche）

这是一种具特殊光学现象的哥伦比亚祖母绿，木佐矿区的达碧兹祖母绿单晶体中心，有碳质包裹体组成的暗色和向周围放射的六条臂。契沃尔矿区的达碧兹祖母绿单晶体中心，有绿色六方柱状的核和从柱棱外伸的六条绿臂，各臂间的V形区里有钠长石包裹体。达碧兹祖母绿加工成珠宝的价值不大，但具较大的观赏价值。

3.3.2 按产地分类

祖母绿的主要产地有哥伦比亚、俄罗斯、巴西、印度、南非、津巴布韦等。

1. 哥伦比亚祖母绿

哥伦比亚出产的祖母绿，以其颜色佳、质地好、产量大闻名于世，是世界上最大的优质祖母绿产地。哥伦比亚最主要的祖母绿矿床是木佐（Muzo）和契沃尔（Chivor），几个世纪以来，木佐和契沃尔矿山一直是世界上最大的优质祖母绿供应地，垄断了国际市场，约占世界优质祖母绿总产量的80%。

哥伦比亚祖母绿主要产在沉积岩系的方解石钠长石脉之中，围岩为炭质页岩和灰岩，矿脉长60m，宽0.1~20cm。祖母绿在含矿脉中呈斑晶状产出，呈柱状晶体，平均长2~3cm，颜色为淡绿—深绿，略带蓝色调、质地好、透明。祖母绿晶体中可见一氧化碳气泡，液状氯化钠和立方体食盐等气液固三相包裹体，这在其他地区祖母绿中是非常罕见的，只有哥伦比亚祖母绿才有。另外，还常有黄铁矿、黑色炭质物、水晶、铬铁矿等包裹体。

2. 俄罗斯祖母绿

俄罗斯祖母绿是1831年被一个农民发现的，矿区位于斯维尔德洛夫斯克（Sverdlovsk）附近。一个世纪以来，生产出成千上万克拉的优质祖母绿。矿床产在超基性岩的金云母石英岩之中，围岩为受变质超基性岩，其中有许多花岗伟晶岩和细晶岩侵入。祖母绿在云母岩中呈不均匀的斑晶。祖母绿呈淡绿—深绿色，略显黄色调。多为柱状晶体，有时为扁平板状晶体，平均长3~5cm，祖母绿晶体中常含阳起石包裹体，不规则排列，还有黑云母包裹体，呈叶片状和鳞片状。祖母绿的伴生矿物有磷灰石、金云母等。

3. 巴西祖母绿

巴西祖母绿产地比较多，但祖母绿晶体细小，多瑕疵，于1962年才在巴伊亚州境内发现了优质祖母绿。这一矿床在古老变质岩系的伟晶岩中和其邻近的云母石英岩中。晶体几乎完全透明,但多数颜色偏浅淡。

4. 印度祖母绿

印度祖母绿矿床发现于 1943 年,含祖母绿矿带规模大,南北长 200km,宽 30km。祖母绿形成同花岗伟晶岩侵入到受变质的超基性岩中有关。祖母绿呈不均匀的斑晶产出,围岩为强烈混合岩化的黑云母片岩和片麻岩。祖母绿晶体小,多有裂纹,质量较差,晶体为柱状和扁平状,平均长 3~5cm,颜色为淡绿色至深绿色,透明—半透明。

5. 南非祖母绿

南非祖母绿矿床发现于 1927 年,矿床位于伟晶岩接触带附近的黑云母片岩和黑云母-绿泥石片岩中,祖母绿的形成同富含挥发分的高温气成热液与超基性岩相互作用密切有关。祖母绿晶体为压扁的板状,含黑云母和硫化物包裹体。祖母绿颜色有分带现象,从浅绿至深绿,晶体一般长为 3~5cm。南非祖母绿质量高,但晶体较小,是世界上祖母绿的主要生产国之一。

6. 津巴布韦祖母绿

津巴布韦祖母绿矿床发现于 1957 年,产量较大,已成为世界上一个新兴的祖母绿主要出口国。矿床产在太古代结晶岩中,祖母绿呈不均匀分布的斑晶产出。矿体长 300~500m,厚 0.2~10m,深 100~200m。祖母绿呈六方晶形柱状体,晶体的平均粒径 1~3mm,大的晶体达 3cm,祖母绿粒度小,但质量高,艳绿色,非常美丽。

7. 坦桑尼亚祖母绿

坦桑尼亚祖母绿发现于 1970 年,产在块状伟晶岩和黑云母片岩的岩脉里,祖母绿的形成与花岗伟晶岩侵入到变质超基性岩体中相互作用有关,含祖母绿的云母岩经常同伟晶岩脉伴生。祖母绿颜色为淡黄绿色、浅绿色和浅艳绿色,晶体较小,一般 0.1~5cm,最大的 4cm。

8. 巴基斯坦祖母绿

巴基斯坦祖母绿发现于 1958 年,祖母绿形成同花岗伟晶岩和含铬变质岩之间接触变质作用有关。石英脉中祖母绿晶体破碎,滑石片岩中祖母绿晶体完好,呈深绿色、透明、多数晶体大于 1ct,但多含有包体。优质祖母绿可以同哥伦比亚的祖母绿相比。

9. 澳大利亚祖母绿

澳大利亚祖母绿发现于 1909 年,矿床产于花岗伟晶岩侵入的受变质超基性岩的云母片岩中,为富含挥发分的高温气成热液与超基性岩作用而形成的祖母绿矿床。祖母绿晶体为六方柱状,长 2cm,淡绿—黄绿色。祖母绿晶体中含杂质包裹体少,总体质量较高。

3.4 真假鉴别

基于祖母绿的实际情况,祖母绿的真假鉴别至少要解决与仿制品的鉴别、合成品的鉴别、处理品的鉴别和不同产地祖母绿的鉴别等问题。

3.4.1 与仿制品的鉴别

在各种宝石中,能仿祖母绿的宝石较多,较典型的有翡翠、绿色萤石、绿色电气石、绿色磷灰石和铬钒钙铝榴石等,它们的物理性质见表 3-1。只要测定有关物理性质,就比较容易将祖母绿与相似宝石区分开来。

表 3-1 祖母绿与相似宝石的区别

宝石品种	光 性	硬 度	相对密度	折射率	双折射率
祖母绿	一轴晶(一)	7.25~7.75	2.65~2.90	1.564~1.602	0.005~0.009
绿色翡翠	不消光	6.5~7.0	3.33	1.66~1.68	0.014
绿色萤石	均质体	4	3.18	1.43	无
绿色电气石	一轴晶(一)	7	3.05	1.62~1.64	0.018
绿色磷灰石	一轴晶(一)	5	2.90~3.10	1.632~1.667	0.002~0.005
铬钒钙铝榴石	均质体	6.5	3.85	1.74	无

3.4.2 合成品的鉴别

至今为止,人们已能用三种方法合成祖母绿,即助熔剂生长法、水热法和镀层法(实际上就是水热法)。由于合成祖母绿与天然祖母绿的物理化学性质相似,因而难以通过测定物理性质参数的方法来鉴别它。从目前来看,区别在于:合成祖母绿颜色比天然祖母绿浓艳,净度比天然祖母绿高,而且有较强的红色荧光,在一种专门的仪器(查尔西滤色镜)下呈现鲜红的红色。但更重要的区别是包裹体,一方面天然祖母绿具有特殊包裹体特征,如三相包裹体、竹节状包裹体和逗号状包裹体等,合成祖母绿一般无这些典型的矿物包裹体特征;另一方面,合成祖母绿本身具有自己典型的特征包裹体,如云团状不透明未熔化的熔质和熔剂包裹体、银白色不透明三角形铂片包裹体等。对于镀层祖母绿,由于它是基于绿柱石用水热法在此之上镀上一层祖母绿而成,因此,除了表面具典型的网状裂纹外,其内部还具典型的绿柱石包裹体特征,因而不难将它们鉴别开来。

3.4.3 优化处理品的鉴别

天然祖母绿往往存在各种缺陷,或裂纹多,或颜色不好,或重量较小,为了提高祖母绿的级别,获取更大的经济利益,人们从未停止过对它们进行优化处理的努力。优化处理祖母绿的方法很多,目前常见的方法有注油处理、箔衬处理、染色处理、镀层处理和拼合处理等。

1. 注油处理

(1)处理方法:一般而言,祖母绿由于先天不足而裂隙较多,注油可掩盖裂隙,提高透明度。对有些颜色较浅的祖母绿还可通过注油时加色的办法来提高颜色深度,从而使祖母绿颜色大大改观。注油有各种植物油、润滑油、液体石腊、松节油、加拿大树脂等。根据裂隙大小、特征可注入一种或几种油,以达到预期目的。

(2)鉴别方法:鉴别时应仔细观察宝石表面的裂隙,特别是用顶灯照明并用放大镜观察宝石时,裂隙处会产生干涉色;用热针探测会有油珠流出;在紫外线下会发黄色荧光。

2. 染色处理

(1)外理方法:采用化学颜料,将色浅的祖母绿或无色的绿柱石染成绿色,以达到形成高档祖母绿的效果。

(2)鉴别方法:显著的鉴别特征是颜色在裂隙中集中,不具备天然祖母绿的光谱特征等。

3. 覆膜处理

(1)处理方法:其一是衬底处理,这是较早时期使用的处理方法,其办法是在祖母绿底部衬上绿色薄层或箔来加深祖母绿的颜色。其二是渡层处理,是将天然无色绿柱石切磨后作为仔晶,用合成祖母绿的方法在外表层渡上一层祖母绿,渡层厚一般0.5mm。实际上不能作为祖母绿。

(2)鉴别方法:若发现祖母绿首饰用全封闭式镶嵌就值得怀疑,用测定光谱,这种处理品不具备天然祖母绿具有的光谱特征,放大观察还可能找到箔衬的痕迹。对渡层祖母绿,其鉴别特征是表面常有网状增生裂纹,浸液中见渡层与绿柱石的分界,显微镜下能见到绿柱石的包裹体,如雨状包裹体,但不能见到祖母绿的典型包裹体。

4. 拼合处理

(1)处理方法:祖母绿的拼合处理一般有二层和三层拼合两种。一般冠部采用祖母绿,亭部或夹层采用合成祖母绿或其他材料。很有欺骗性。

(2)鉴别方法:鉴定时只要认真仔细就不难发现粘合的痕迹,另外放大检查不难发现粘合层面上会有明显的气泡出现。

3.4.4 产地鉴别

由于不同产地的祖母绿质量存在差别,加之商业上的习惯,即使质量大致相同的祖母绿,不同产地的祖母绿价格也存在差异,特别是哥伦比亚产的祖母绿明显更受消费者欢迎,价格高于其他产地祖母绿。因此,准确鉴别祖母绿的产地也是鉴赏者的一项基本任务。

1. 外观特征

不同产地祖母绿具有一些不同的外观特征,如哥伦比亚祖母绿为深翠绿色,巴西祖母绿为带黄、有时带褐色的翠绿色,透明度差,常带平行裂纹。

2. 包裹体特征

这是祖母绿产地鉴别的关键。在放大镜和显微镜下,哥伦比亚祖母绿裂纹较多,裂隙内有时充满褐色铁质薄膜,具典型的气、液、固三相包裹体,还有纤维状包裹体、黄褐色粒状氟碳钙铈矿包裹体、黄铁矿包裹体、磁黄铁矿包裹体和辉钼矿包裹体等。俄罗斯祖母绿裂隙稍少,具阳起石包裹体,外观很像竹筒(俗称竹节状包裹体),另外还常见页片状黑白云母包裹体,亦是祖母绿呈褐色的原因。印度产祖母绿具"逗号"状包裹体。巴基斯坦祖母绿具云母片和两相包裹体等。

3. 查尔西滤色镜

在这种被称为变绿为红的仪器下,哥伦比亚祖母绿显红色或粉红色,其他产地的祖母绿不变色或变化不明显,这是鉴定哥伦比亚祖母绿最方便的方法。

3.5 质量评价

祖母绿的质量评价主要依据产地、颜色、透明度、净度、重量和切工等要素进行。

1. 产地

祖母绿以哥伦比亚者为最佳,优质者 0.2~0.3ct 者就可以作为高档首饰戒面,大于 0.5ct 者,其价格就高于同重量的钻石。其次是坦桑尼亚祖母绿,优质者可与哥伦比亚祖母绿相比,其他地区产祖母绿的价格依具体质量而定。

2. 颜色

一般认为,高档的祖母绿颜色为浓艳、纯正而且均匀的翠绿色,若带其他色调,其价格将受影响,但哥伦比亚木佐矿所生产的祖母绿带有轻微的蓝色,也很吸引人,价格较高。

3. 透明度和净度

祖母绿的透明度和净度越高,价值就越高,但祖母绿一般裂隙发育,再好的祖母绿都或多或少含有包裹体,并因此影响净度和透明度。在祖母绿质量评价的实践中,颜色、透明度和净度往往被作为一个综合性指标。根据这一综合性指标,祖母绿可分为下列三个档次。

第一档次:颜色为纯正的深翠绿色,透明度和净度高,裂隙少,10倍放大镜下少见。

第二档次:颜色为翠绿色或带蓝、带黄的绿色,透明,包裹体较少。

第三档次:颜色为带蓝或带黄的翠绿色,透明稍差,包裹体也较多。

4. 重量

祖母绿因为裂隙发育,原料磨制成刻面宝石的成品率只有百分之几,有时几十克重的一块原料,只能磨得2~3ct重的少许成品,成品中常见重量为0.2~0.3ct,一般小于1ct。因此,优质祖母绿的价格随重量增加的幅度十分明显,优质祖母绿大于0.5ct者已明显高于同重量的钻石。

5. 切工

与其他珠宝相似,切工也是影响祖母绿价值的重要因素。切工越好,价格就越高。祖母绿最理想的琢型是长方形的祖母绿型,瑕疵多以及裂隙发育的祖母绿一般切磨成弧面形琢型。

第四章 姊妹宝石——红宝石和蓝宝石

4.1 历史与传说

红宝石(Ruby)和蓝宝石(Sapphire)都是人们十分珍爱的高档宝石。红宝石鲜红似火,象征热情、仁爱和尊严,是七月生辰石,结婚40周年纪念石;蓝宝石清澈透蓝,沉稳而庄严,象征着慈爱、诚实和德望,是九月生辰石,结婚45周年纪念石。红宝石、蓝宝石与钻石、祖母绿和猫眼石同被列为世界五大名贵宝石。无论西方和东方,红宝石和蓝宝石均具有悠久的历史文化和久远的传说故事。Phillippe de Valois写了一本古老的著作《Lapidaie》(宝石)中说道:"瑰丽、清澈而华贵的红宝石是宝石之王,是宝中之宝,其优点超过所有其他宝石"。另一本古老的著作叫《Lapidire en Vers》认为,红宝石是"上帝创造万物时所创造的12种宝石中珍贵程度居首的宝石"。早在11世纪波斯著名的矿物学家Al-Biruni在歌颂红宝石的卓越永恒时写到:"刚玉家族里含铬的红色成员。在这个家族同时也包含了蓝宝石在内的所有有色宝石中,红宝石的美丽颜色及等级都是第一的。在古印度,红宝石被称为"宝石之首",人们认为它可带来健康、财富和成功。古埃及人认为红宝石是"王者至尊"的象征。公元前585年修建的缅甸"瑞光大金塔"就已镶嵌了红宝石。

在我国,红宝石历来就受到高度重视,《后汉·西南夷传》就有红宝石的记载,当时人们将红宝石称为"光珠",认为它能够带来"光明之神"的力量。相传元朝皇帝忽必烈曾想用一座城池换取僧伽罗君主所拥有的一枚异常大的红宝石,不想这位君主丝毫不为其所动,声称即使把全世界的财富都放在他脚下,他也不愿与这颗大红宝石分开。我国清朝红宝石是帝王和一品大员的佩戴物。可见红宝石至高无上的地位。

对于蓝宝石,人们认为它是太阳神阿波罗的圣石,因为通透的蓝宝石得到"天国之石"的美称。古代波斯人认为,地球坐在一块鲜艳的蓝宝石上面,而天空就像一面镜子,把它的颜色映照出来。这种传说有所依据,从月球上看,地球确实是蓝色的,一个蔚蓝的星球,永远的蓝。古罗马人则相信,蓝宝石具有神奇的力量,能避邪除恶。据说《一千零一夜》一书的译者理查德·伯顿拥有一颗巨大的星光蓝宝石,他把这颗宝石视为自己的护身符而随身携带,因此,他总是能交好运。在古埃及、古希腊和古罗马,蓝宝石被用来装饰清真寺、教堂和寺院,并作为宗教仪式的贡品。人们还将基督十诫刻在蓝宝石上,作为教士的环冠宝石。在古印度,人们在"轮"的颜色理论中认为,蓝色代表咽喉轮,位于喉核,表示通畅、交流。它影响支气管、发声气管及消化道、甲状腺、肌肉、耳朵等。蓝宝石可防治咽喉和肺部疾病。如果嗓子红肿发炎,在颈间佩戴蓝宝石能缓解炎症。

到底什么是红宝石和蓝宝石?这要从这两个词的历史演变说起。在古代,人们由于缺乏科学知识,对宝石的材料属性不甚了解,因此他们称颜色为红色的宝石为红宝石,称颜色为蓝色的宝石为蓝宝石。现在看来,古代所谓红宝石,包括红色的刚玉、红色尖晶石、红色石榴子石等,例如今天仍镶在英王王冠上著名的所谓黑王子红宝石实际上就是红色尖晶石。而所谓蓝宝石应包括蓝色的刚玉、蓝色的尖晶石、蓝色的电气石和海蓝宝石等。

随着科学的发展,红宝石和蓝宝石这两个词逐步已有了明确含义。按照今天宝石学的概念,红宝石和蓝宝石都是以矿物刚玉为材料的宝石,正因为它们都是由同一种矿物材料构成的宝石,而且同是珍贵宝石,因此被称作姊妹宝石。若刚玉材料的颜色为红色者,且质量达到宝石学质量要求,则为红宝石。除红色外,其他各种颜色刚玉材料中达到宝石学质量要求者,均称为蓝宝石。因此,红宝石颜色一定是红的,但蓝宝石的颜色则并不一定是蓝的。对于除红色外各种刚玉类宝石的正确称呼应该是"颜色+蓝宝石"。例如,颜色为蓝色者,称蓝色蓝宝石;颜色为黄色者,则称黄色蓝宝石,其他类推。

4.2 基本性质

4.2.1 化学成分

红宝石和蓝宝石均为铝的氧化物,化学分子式为 Al_2O_3,矿物名称为刚玉。当刚玉不含杂质元素时,为无色;当含其他杂质元素时则呈现各种不同的颜色,并构成不同的宝石品种。如含 Cr_2O_3 为深浅不同的红色;含 TiO_2、Fe_2O_3、Cr_2O_3 为紫色;含 TiO_2、Fe_2O_3 为蓝色,含 V_2O_5 在日光灯下为蓝紫色,在钨丝白炽灯下为红紫色,即具变色效应。

4.2.2 结晶学性质

1. 晶系

刚玉为三方晶系。

2. 结晶习性

刚玉晶体常为六边形桶状或柱状,有时呈板状,具双晶(图4-1)。

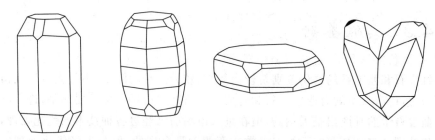

图4-1 刚玉的晶体及双晶

3. 表面特征

刚玉晶体在锥和柱面上常有横的条纹,这种特征加上三角生长标志提供了原石晶体良好的识别特征。

4.2.3 物理性质

1. 力学性质

(1)解理、裂开和断口:刚玉解理差或无解理。由于常发育有平行于底面和菱面的聚片双晶而出现裂开。断口呈贝壳状。

(2)摩氏硬度:9,在天然材料中仅次于钻石。不同产地的红宝石和蓝宝石,硬度稍有不同。

(3)韧度:较好,且蓝宝石一般要好于红宝石。

(4)密度:$3.9 \sim 4.1 \text{g/cm}^3$,平均为 4.0g/cm^3。具体视纯净度而变。

2. 光学性质

(1)颜色:变化大,并决定宝石的品种,即红色者为红宝石,其他颜色者为蓝宝石。

(2)光泽:玻璃光泽。

(3)透明度:透明—不透明。

(4)折射率:1.76~1.78。

(5) 双折射率：0.008。
(6) 色散：低，为 0.018。
(7) 多色性：中等至强，具体取决于品种。
(8) 光学效应：最重要的是星光效应，极少见猫眼效应。也有似变石的变色效应。
(9) 光谱：红宝石为典型的铬光谱；蓝宝石为典型的铁光谱。

4.3 真假鉴别

红宝石和蓝宝石的真伪鉴别是较为复杂、较为困难的问题，不仅大量涉及仿冒品等问题，还有大量的合成红宝石和合成蓝宝石冲击市场。更重要的是，许多红宝石和蓝宝石虽然其产出是天然的，但在进入市场前已经过各种技术的优化处理，这些优化处理红宝石和蓝宝石虽然多数在商业上是允许的，但与未经优化处理的天然品相比，其价格应存在较大差别，应该对它们作出正确的鉴别。从目前的实际情况看，红宝石和蓝宝石的鉴别必须要正确回答下列三个问题，才能说是基本解决了红宝石和蓝宝石的鉴别问题了。

(1) 被鉴别的宝石材料是否是刚玉？
(2) 若是刚玉，是合成的还是天然的？
(3) 若是天然的，是否经过优化处理？是用什么方法进行的优化处理？

4.3.1 材料属性的鉴别

主要是解决被鉴别宝石材料是否属刚玉这一问题。解决该问题相对较简单，办法是用各种仪器测定有关物理性质。

(1) 用折射率仪：可测得折射率为 1.762～1.770，双折射率为 0.008。
(2) 用比重天平：可测得比重为 3.90～4.10，一般为 4.00。
(3) 用分光镜：红宝石是典型的铬光谱，蓝宝石是铁光谱。光谱观察还有一层特殊的意义，即能真正鉴别出红宝石。从严格意义上讲，红宝石是指以 Cr_2O_3 致色的刚玉类宝石，一些粉红色和紫色的刚玉并非 Cr_2O_3 致色，因而不是红宝石，而是蓝宝石。光谱观察可帮助解决这一问题。
(4) 放大观察：不同产地的红宝石和蓝宝石由于其形成的条件和环境存在差异，因而具有不同的包裹体。训练有素的珠宝鉴别师，不仅可以根据这些包裹体特征来鉴别红宝石和蓝宝石的真伪，还能鉴别产地。
(5) 二色镜和偏光镜：可测其多色性和光性，从而对红宝石和蓝宝石作出鉴别。

通过上述测定,再比较表 4-1 和表 4-2,可较容易地将红宝石和蓝宝石与其仿制品区分开来。

表 4-1 红宝石与相似宝石的特征

名　称	硬　度	密度(g/cm³)	折射率	双折射率	二色性
红宝石	9	3.99	1.764～1.772	0.008	明显
锆　石	7.5	4.69	1.925～1.984	0.059	弱
贵榴石	7.5	3.9～4.2	1.76～1.81		无
镁铝榴石	7.5	3.7～3.9	1.74～1.76		无
尖晶石	8	3.60	1.72		无
托帕石	8	3.53	1.63～1.64	0.008	个别有
电气石	7	3.04	1.62～1.64	0.018	明显

表 4-2 蓝宝石与相似宝石鉴别表

名　称	硬　度	密度(g/cm³)	折射率	双折射率	二色性
蓝宝石	9	3.99	1.76～1.77	0.008	明显
硅酸钡钛矿	6.5	3.67	1.75～1.80	0.047	明显
蓝晶石	4～6	3.69	1.75～1.73	0.016	明显
合成尖晶石	8	3.63	1.727		无
尖晶石	8	3.60	1.720		无
托帕石	8	3.56	1.61～1.62	0.008	中等
黝帘石	6.5	3.35	1.69～1.70	0.009	明显
坦桑石	6.5～7	3.355	1.69～1.701	0.009	明显
碧　玺	7	3.10	1.62～1.64	0.020	明显
海蓝宝石	7.5	2.70	1.57～1.58	0.006	明显
堇青石	7	2.59	1.53～1.54	0.009	明显

4.3.2 合成品的鉴别

红宝石和蓝宝石可由多种方法合成,不同方法合成红宝石和蓝宝石的物理特征与天然红宝石和蓝宝石相比基本相同,因此,相关物理性质的鉴别意义不大。正确鉴别合成品难度较大,需专业人员,同时还需借助先进仪器才能办到。这里主要针对非专业人员提供合成红宝石和合成蓝宝石的以下鉴别特征和方法,供赏购者参考使用。

(1)从外观来讲:合成品大多完美无缺,颜色艳丽,十分均匀。而达到上述程度的天然品一般十分罕见。若是多颗红宝石和蓝宝石放在一起,合成品每颗质量基本相同,天然品很少能达到这样水平。

(2)用二色镜观察:由于绝大多数合成品是用维尔纳叶法生产的,这种方法合成的晶体由于内能的释放,将使晶体沿长轴方向裂开,成品宝石大多台面平行光轴,与天然品正好相反,因而合成品可从台面方向看到二色性,而天然品一般从台面难以观察到二色性。

(3)荧光检查:对红宝石来讲,合成品的荧光比天然品强。

(4)放大检查:这是最有鉴别意义的,天然品有各种矿物包裹体存在,合成品一般无天然矿物包裹体。但合成品也有自己独特的内部特征,例如,用维尔纳叶法的合成品具弯曲生长线,其形状如唱片的旋纹,另有气泡等标志性特征;熔剂法合成品比较难观察到典型的内部特征,但在一些情况下可看到由坩埚上掉落进来的铂片晶,并具羽状体和熔剂小滴包裹体等。

(5)大型仪器:例如用红外光谱、拉曼光谱等,可测试宝石的微量成分,从而可将天然品与合成品区分开来。

需进一步强调的是,要获得准确的鉴别,最好把各种特征结合起来进行综合判断。

4.3.3 处理品的鉴别

由于天然的优质红宝石和蓝宝石极少,为了满足市场需要,市场存在将质量较差的红宝石和蓝宝石原料,通过一系列的技术处理,使其提高质量,包括改变颜色、净度和掩盖裂隙等。至今为止,市场已有的方法有:

1. 热处理和扩散处理

热处理是在一定的物理化学条件下,对红宝石和蓝宝石实施加热,使其改变颜色、净度、星光效应等。扩散处理是将无色刚玉切磨成琢型宝石后,在其表面加适当的致色剂后,进行加热,使致色剂扩散到宝石表面一定深度,并使其产生颜色,从而达到优化的目的。热处理和扩散处理红宝石和蓝宝石的鉴别方法是:

放大观察：热处理过程中，宝石表面将产生凹坑，即便重新抛光，某些小面，特别是靠近腰棱的小面仍将残留有凹坑的痕迹，另外，重新抛光将产生多余的小面。在宝石内部，若原石有晶体包裹体，加热将使被熔融过的晶体变成白色，并有浑圆的外形，其周围往往还发育原盘状裂隙。

吸收光谱：经过热处理的蓝色蓝宝石在450nm处不显吸收带。

浸液观察：扩散处理的蓝宝石放在折射率为1.74的浸液中，明显可看到颜色主要集中于表面，即主要在小面边棱处。浸液也使上述表面和内部特征的观察更加清晰。

2. 充填处理

红宝石和蓝宝石(特别是红宝石)的天然品往往存在各种裂纹或裂隙，它们严重影响宝石的价值。为了掩盖其裂隙，可通过对其裂隙进行充填以达到提高净度的目的。

检测的办法是：用放大观察可见两种现象，其一，跨过充填物和刚玉的界线处可见颜色和光泽的差别；其二，还可看到充填物中的气泡。不过，做此项工作需非常仔细。

3. 注油和染色

有损于红宝石和蓝宝石外观的开口裂隙可用注油的办法来将其掩盖。检测的办法是在反射光下用放大镜观察，可看到裂隙中存在干涉色。另外，用热针靠近宝石表面，可能从裂隙中吸出油来。

有时红宝石和蓝宝石还存在用染色的办法来改善其颜色的情况。这种处理宝石可以通过蘸有丙酮的棉签来检查，即用棉签擦洗宝石可使棉签呈现颜色。

除上述常见方法外，还存在其他各种处理方法，如辐射、刻划、贴箔等。请鉴赏者参考其他相关资料，并借助于有关方法进行鉴别。

4.4 质量评价

由于天然优质红宝石和蓝宝石产量很少，而且每年以较快的速度衰减，因此，有时其保值和增值功能还可能超过钻石。但和钻石相比，红宝石和蓝宝石的情况更为复杂，研究程度更低，因而，红宝石和蓝宝石的评价比钻石要困难得多，迄今为止，国际上尚无统一公认的标准。因此，在红宝石和蓝宝石的评价方面，不同评价者基于各自的认识和经历，会得出不同的评价结果。但行业上仍有一些普遍认可的评价依据，这些依据主要包括颜色、重量、透明度、净度、加工质量等方面。

4.4.1 颜色

红宝石和蓝宝石的颜色包括色彩、色调和饱和度等方面。具体来讲,色彩分5类:极好、非常好、好、较好、差;色调按深浅分5类:很深、深、中等、浅、很浅;饱和度按鲜艳程度分5类:很高、高、中等、较低、差。就色彩和色调而言,天然产出的红宝石和蓝宝石不可能表现为单一的光谱色,这就会有主色和附色之分,如红宝石以红色为主,其间可带微弱黄、蓝紫色;蓝宝石以蓝色为主,其间可能有微弱的黄色、绿色色调。原则上,红宝石和蓝宝石的颜色越接近理想的光谱色,价格就越高,如缅甸鸽血红红宝石和克什米尔矢车菊蓝宝石就与理想光谱色较接近,因此质量最好。若附色所占比例越大,颜色就越不纯,价格就越低。

红宝石最有价值的颜色是均匀的鸽血红,其次是较浅的紫红色。在透明红宝石中,微棕红色、玫瑰红色、粉红色均被认为是不大理想的颜色。不过在星光红宝石中,这些颜色也是十分受欢迎的了。

对蓝宝石而言,一般认为理想的颜色是纯正均匀的蓝色。但对金黄色的蓝宝石而言,由于其更加稀少,加之这种蓝宝石火彩较强,亮度较大,因而也十分受欢迎。对具有变色效应的蓝宝石,由于它可仿冒变石,十分稀少,故也同样十分受人喜欢。蓝色、黄色和变色蓝宝石是目前市场上最受欢迎的几种颜色。

4.4.2 重量

天然产出的宝石级红宝石颗粒一般都很小,达到1ct者已不多见,大于5ct者则为罕见之物,因而宝石越大,每克拉的价格增加的幅度也越大,其克拉溢价远大于钻石。从目前来看,红宝石的克拉溢价台阶主要出现在1ct、3ct、5ct和10ct处。迄今为止,世界上发现的最大红宝石产于缅甸,重3 450ct。著名的鸽血红红宝石,最大者仅重55ct,最大的星光红宝石产于斯里兰卡,重1 387ct,这都是世界著名的珍宝。

蓝宝石的产量比红宝石要多,数克拉者常见,数十克拉者也不稀罕,但大于100ct者仍非常珍贵。世界上发现最大的蓝宝石重达19kg,产于斯里兰卡。一颗被称为亚洲之星的巨大星光蓝宝石,重达330ct,为世界著名珍宝。镶在英国王冠十字架中心的"圣爱德华蓝宝石",也是世界著名珍宝。总的来讲,重量对红宝石价格的影响要比对蓝宝石价格的影响大得多。

4.4.3 透明度和净度

对透明红宝石和蓝宝石而言,评价仍需考虑净度和透明度。越是纯净、透明的红宝石和蓝宝石,价格越高,但完全透明、无暇、无裂纹的红宝石是很难得的。因为在10倍放大镜下,红宝石总有这样、那样的小缺陷或各种包裹体。在十分难得的情况下,对红宝石的透明度和净度要求自然要低些。

由于相当纯净透明的蓝宝石较易找到,对于蓝宝石的评价而言,净度和透明度的要求也比红宝石要高得多。真正质量好的蓝宝石,一般都要求要纯净、透明,如果纯净度和透明度不高,其价格将会大受影响。

4.4.4 切工

评价红宝石和蓝宝石另一个值得重视的因素是切工。切工的好坏不但影响美观,而且影响颜色。切工主要从琢型、比例、对称性和修饰度等方面考虑。优质红宝石和蓝宝石要求琢型理想,比例适当,对称性好,修饰完美。例如,若切磨红宝石或蓝宝石的底部太浅,将使其中心完全成为"死区",若底部太深,则会影响透明度,比例也会失调,同时影响镶嵌。出现这些情况,其价格都将大打折扣。按理想切工比例,宝石腰棱以下部分应占宝石总重量的1/4较为合适,太重者虽然可增加宝石的重量,但同时将影响宝石的颜色、星光的亮度和美观等。一些珠宝商为了获取更高的利益,会将宝石腰棱以下部分保留太大,这一点务请消费者注意。

星光红宝石和蓝宝石应单独评价。除了必须具备理想的颜色、均匀的色调、无瑕疵、抛光精细等条件外,更为重要的是星线的亮度、形状位置、完好程度以及比例关系。星线越亮、形状越规则越好,星线的交点要求位于半球状宝石的顶点。偏离顶点,宝石的价格将大受影响。此外,星光宝石要求星线细而平直、完好,如出现缺亮线、断亮线和亮线弯曲等也都会严重影响其价格。

第五章 具有奇异光学效应的宝石对
——猫眼石和变石

5.1 何为猫眼石？何为变石？

5.1.1 何为猫眼石？

要搞清楚何为猫眼石(Cat's eye)，有必要首先介绍一个"猫眼"或"猫眼儿"这个基本概念。什么是"猫眼"或"猫眼儿"？从古至今的确是存在不同理解。归纳起来，大约有三种：其一是指"猫眼效应"这种光学现象；其二是指具猫眼效应的任何宝石；其三是专指具有猫眼效应的金绿宝石。第三种认识被多数宝石学家认同。基于这种认识，我们不难判定，猫眼石是具有猫眼效应的金绿宝石，其他任何具猫眼效应的宝石均不能称猫眼石。

猫眼石(Cat's eye)之所以显猫眼效应，是因为金绿宝石中含有细小、密集、平行排列的丝状或管状金红石包裹体，当这种矿物被切磨成弧面型宝石后，就能反射可见光而呈现明显的猫眼效应。

猫眼石的猫眼活灵活现，灵气扑人，无比瑰丽神奇。猫眼石还常被认为是走好运的象征，人们相信它会保佑主人健康富贵，免于生病和贫困。在我国古代因为不了解产生猫眼的奥秘，倍感奇妙，愈加珍贵。相传，唐玄宗有两枚"狮负"（猫眼的古称），为仙女所赠，非常珍惜，他将它们珍藏在钿盒中，常常拿出来验证时晨。

元末伊世珍《琅环记》有这样一则记载：相传，为何南蕃（指今斯里兰卡）白胡山产出的猫眼石又多又好？山中有一贤人曾喂养了一只猫，十分珍爱，猫不幸死去，主人非常思念。有一天夜里，猫托梦给主人，"我已活矣，可掘观之"。当主人掘后仅得两只猫眼，其滑如珠，则将一眼埋入白胡山，另一眼"置酒食为别"，及吞，即有猫如狮，将主人负之腾空成仙而去。故此山产猫眼石，而猫眼石又有"狮负"之称。

5.1.2 何为变石?

变石的英文名称是 Alexandrite,即亚历山大石。关于这个名称,曾有一段有趣的故事。1830年4月的一天,在俄国乌拉尔山一个开采祖母绿的矿山上,一群在乌拉尔山脉托卡瓦加(Tokawaja)祖母绿矿山工作的工人,开采出了一些与祖母绿不同特征的矿物晶体,当时并未引起人们的足够重视,可到了晚上,在烛光下一看,这些白天呈现绿色的矿物晶体,颜色变成了红色,这使采矿工人们大为惊讶,次日白天在阳光下再看时,这些晶体的颜色又变成了绿色,于是矿工们称它们为变石(即变色之意)。矿工们将这种具有奇异光学现象的矿物晶体作为珍贵礼物献给当时的皇太子(也就是后来的亚历山大二世)以表成年祝贺,亚历山大二世将这些奇异的晶体制成宝石后镶嵌在王冠上,并赐名亚历山大石。

经科学研究发现,这些矿物晶体是金绿宝石。由此可知,变石即为具变色效应的金绿宝石,这种宝石在阳光下呈现绿色,在白炽光、烛光下呈现红色。这种宝石之所以显变色效应,是因其中含有致色元素铬所致。这种含铬的金绿宝石对绿光的透射最强,对红光的透射次之,而对红光和绿光之外的其他光线则几乎全部吸收。因此,当白天阳光照射宝石时,宝石透过绿光相对较多,因而宝石呈现绿色;而当用富含红光的烛光、油灯光或钨丝光照射宝石时,宝石透过的红光最多,因而宝石呈现红色。

由于变石具上述变色效应,因此有"白昼里的祖母绿,黑夜里的红宝石"之美誉。变石与珍珠、月光石一道被作为六月生辰石,象征健康、长寿和富有。

5.2 基本性质

5.2.1 化学成分

由于猫眼石和变石均是铍铝氧化物,化学分子式为 $BeAl_2O_4$,矿物名称为金绿宝石,但微量成分明显不同,猫眼石一般含微量铁,变石一般含微量铬。

5.2.2 结晶学性质

(1)晶系:金绿宝石为斜方晶系。
(2)结晶习性:其原石晶体一般为扁平状或板状,垂直的(轴面的)面上常有条纹。许多金绿宝石常以三连晶出现,其外观呈假六边形(图5-1)。

 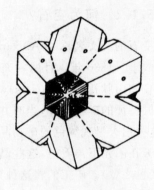

图 5-1 金绿宝石晶体

5.2.3 物理性质

1. 力学性质

(1)解理:可出现三组解理,一组发育中等,另两组发育不完全;猫眼石和变石一般无解理。

(2)断口:贝壳状断口。

(3)摩氏硬度:8~8.5。

(4)密度:3.72g/cm³。

2. 光学性质

(1)颜色:通常为黄色至黄绿色、灰绿色、褐色至黄褐色,此外,还有罕见的浅蓝色。

(2)光泽和透明度:玻璃光泽。通常为透明—不透明,猫眼石呈亚透明—半透明,变石通常为透明。

(3)光性:二轴晶,正光性。

(4)折射率:1.74~1.75。

(5)双折射率:0.009。

(6)色散:低,为0.014。

(7)多色性:明显,变石为强多色性。

(8)发光性:猫眼石因含铁一般无荧光,变石因含铬有弱荧光。

(9)吸收光谱:猫眼石在紫区444nm处有强吸收窄带。变石品种在红区690nm处有一双线,红橙区有两条弱线,以580nm中心有一吸收区,蓝区475nm、468nm两条吸收线。

(10)特殊的光学效应:金绿宝石能显示特征的猫眼效应和变色效应,并因此决定金绿宝石重要宝石品种,即猫眼石和变石。

5.3 猫眼石的真假鉴别与质量评价

5.3.1 真假鉴别

猫眼石鉴别最重要的是将猫眼石与其他具猫眼效应的宝石区分开来。猫眼石和猫眼效应间的差别不但是个鉴别问题,还是个基本概念问题。无论天然宝石,还是人工合成品,能显示猫眼效应的宝石很多,并非猫眼石一种。只要满足形成猫眼效应条件的宝石,并按一定方法切磨后均能显示猫眼效应,如电气石、石英、绿柱石等。但这些显猫眼效应的宝石都不是猫眼石,它们正确的名称是"宝石的名称+猫眼",例如石英猫眼、电气石猫眼、祖母绿猫眼、辉石猫眼和磷灰石猫眼等,人造品种则称人造猫眼。就其价格来讲,除优质祖母绿猫眼与猫眼石价值相等或稍高外,其他则远低于猫眼石,因而在市场上,用其他具猫眼效应的宝石来仿冒猫眼石情况十分常见,因此,猫眼石与其他具猫眼效应宝石的鉴别十分重要。这些宝石区别见表5-1。

表5-1 猫眼石与其他具猫眼效应宝石的区别

宝石名称	硬 度	密度(g/cm³)	折射率	光 性	二色性
猫眼石	8.5	3.72	1.74~1.75	非均质	有
石英猫眼	7	2.65	1.544~1.553	非均质	有
电气石猫眼	7~7.5	3.01~3.11	1.62~1.65	非均质	有
祖母绿猫眼	7.25~7.75	2.7~2.9	1.56~1.59	非均质	有
方柱石猫眼	6	2.50~2.74	1.54~1.58	非均质	有
辉石猫眼	5.5	3.2~3.3	1.65~1.68	非均质	有
磷灰石猫眼	5	3.18~3.0	1.63~1.64	非均质	有
玻璃猫眼	5.5	2.3~4	1.5~1.68	均质	无

基于表5-1,通过仪器测出上述物理特征,便可对猫眼石作出正确鉴定。

5.3.2 质量评价

和其他宝石一样,猫眼石越大越难得,因而重量是评价猫眼石的基本要素之一。但影响猫眼石最重要的是颜色、眼线的情况和均匀程度等。

猫眼石的最佳颜色是极强的淡黄绿色、棕黄色和蜜黄色,其次是绿色,再次是略深的棕色。很白的黄色和很白的绿色,价值就更低一些。最差的是杂色和灰色。

最好的猫眼石眼线应该较为狭窄,界线清晰,并显活光,并且要位于宝石的正中央。关于眼线的颜色,有人喜欢银白的颜色,而有人则偏爱金黄色,而绿色和蓝白色的线,较为受冷落。体色呈不透明的灰色者,常常有蓝色或蓝灰色的眼线。不过,无论什么颜色,重要的是眼线必须与背景形成对照,要显得干净利落。眼要能张得大,越大越好,而合起来时就要锐利,另外,乳与密的效果必须存在。

切工(特别是匀称程度)也是评价猫眼石的重要因素。为了充分地利用原石,加工工匠常常把猫眼石的底留得很厚,以致难以合理地镶嵌。留得厚的目的是为了增加重量,多卖钱。而结果适得其反,不匀称将严重地影响猫眼的美观,无人开高价。正确的做法是在宝石的腰线以下,保留适当的厚度,并磨成小弧面即可。要保持较低的角度,这样才有利于使宝石牢固地镶在托上。

5.4 变石的真假鉴别及质量评价

5.4.1 真假鉴别

对变石的真假鉴别相对比较容易,原因在于能显示变色的宝石的确不多,主要有由 V_2O_5 致色的天然蓝宝石、合成刚玉和合成尖晶石等。天然蓝宝石显变色者在自然光下呈蓝紫色,在非自然光下呈红紫色,虽然相似,但严格来讲是不同的。另外,蓝宝石的折射率为 $1.762 \sim 1.770$,密度为 $4.0 g/cm^3$。而变石的折射率在 $1.74 \sim 1.76$ 之间,密度为 $3.72 g/cm^3$,区别较明显,易将它们分开来。此外,它们的光谱也显著不同。

对有些从未见到过变石颜色效果的人来说,可能会将合成蓝宝石和合成尖晶石错当成变石,但实际上它们的变色效果却显著不同。合成品颜色一般是从灰色到蓝色间变化,而不在红色与绿色间变化。另外,它们的物理性质也明显不同;由于大多数合成品是用维尔纳叶法生产合成,因而放大镜观察,它们一般具有明显的弯曲生长线和气泡。

5.4.2 质量评价

变石的价值一方面取决于它的完美程度和切磨的工艺水平,但更重要的是取决于宝石的颜色以及颜色变化的美艳程度。在日光下,颜色越接近祖母绿的颜色者越好;在非自然光下,颜色越是接近红宝石颜色者越好。能达到这种颜色变化程度的变石,当然价值很高。但实际上,能达到这种效果者非常稀少,多数的颜色只是近似,更多的变石颜色红得像石榴子石,绿得像电气石,而且变化很大。不管怎样,凡颜色变化好而均匀美观的变石,都属高档之列。

在变石中,大的晶体非常稀罕,一般情况下,原石破裂比较厉害。因此,小粒的宝石多。所以,变石的价值在很大程度上也取决于重量。变石越大者,价值越高。

切工虽不是变石评价考虑的最重要因素,但也是必须要考虑的因素之一。切工质量越完美,价值也越高。

第六章 常见宝石

除钻石、红宝石、蓝宝石、祖母绿、猫眼石、变石等珍贵宝石外,市场上还有许多常见宝石,如电气石、托帕石和石榴子石等,虽然它们不如上述宝石名贵,属中低档宝石,但其装饰效果完全可能与珍贵宝石相媲美,而且有较高的市场占有率。同时,这些宝石中的质优者价格也较高,如优质电气石价格可高达数十美元/克拉,甚至更高。另外,这些宝石的外观有时和珍贵宝石十分相像,市场上大量存在用这些宝石仿冒珍贵宝石的现象。因此,了解常见宝石的有关知识对于珠宝鉴赏者来讲是必不可少的。

6.1 电气石

电气石(Tourmaline)俗称碧玺,它是一种成分非常复杂的硼硅酸盐矿物。因为成分复杂,并且成分间存在广泛的类质同像,因而电气石颜色变化大。其颜色变化大不仅体现在纵向上,即沿晶体长轴方向的颜色变化很大,而且也体现在横向上,即环绕晶轴发生变化而呈环带状。正因为颜色变化大,电气不可用"绚丽多彩,美不胜收"这八个字来形容。由于电气石颜色鲜艳多样,所以可以很轻易使人有一种开心喜悦和崇尚自然的感觉,还可以开拓人的心胸和视野,激发创意,因此广受欢迎,近年来价格不断上涨。

电气石最早出现在欧洲,据传说其传入中国是在唐朝时期,唐太宗在征西时曾得到过电气石,并将其刻成御用印章。明朝时期,斯里兰卡国王亚烈苦奈儿曾向明成祖朱棣进贡电气石。到了清朝,电气石成为了权利的象征,是当朝二品官员顶戴花翎的材料之一。清朝末年,独揽大权的慈禧太后对电气石十分宠爱,她有一枚电气石莲花重达三十六两八钱,足有一公斤多,价值七十五万两白银,是一件绝世罕见的珍宝。

6.1.1 基本性质

电气石在结晶学上为三方晶系,晶体常呈三方柱状或六方柱状,三方柱的晶面上通常显示清晰的条纹(图6-1),贝壳状断口。摩氏硬度7~7.5,密度3.01~

$3.11 g/cm^3$。折射率$1.62\sim1.65$,双折射率0.018,一轴晶负光性,玻璃光泽,色散低,多色性由强至弱,具体取决于品种。电气石含有大量平行纤维或线状空穴时可显猫眼效应,相应宝石称电气石猫眼。

图6-1 电气石晶体

之所以称电气石,是因为其具热电性,在加热时,其两端带电荷,可吸引灰尘等细小物质。这一性质在工业上具有较广泛用途,基于这一性质,人们已经开发出许多实用的新材料和新产品。一些研究者认为,电气石的热电性使其成为一种天然能量宝石,具有永久放射远红外的特征,对人身具有保健作用,因此,市场上出现许多用电气石制作的保健产品。

6.1.2 真假鉴别

电气石由于颜色种类广泛,外观上容易和其他宝石相混淆,例如尖晶石、红宝石、蓝宝石、托帕石、祖母绿和水晶等,但通过下列简单的方法可将它们鉴别开来。

(1)电气石具明显的二色性,有时用肉眼就可以观察到其颜色的变化。

(2)双折射率较高,因而用放大镜,通过宝石可观察到明显的刻面边棱重影。

(3)密度、折射率和双折射率等特征与其他宝石相比,也有较大差别。因此,只要通过仪器检测便可将它们区分开来。

6.1.3 质量评价

电气石属中低档宝石,重量数十克拉以上求得纯洁无瑕者也不困难,因而评价电气石,重量和净度并不是特别重要的因素。从所有的质量评价要素看,较为重要的应该是颜色和特殊的光学效应。

从国际市场来看,宝石级的电气石,最受欢迎的颜色是红、紫红和玫瑰红色,其次是粉红,再次是蓝和紫蓝,最次是蓝绿、黄绿等色。具星光效应的电气石,星光完好,颜色、加工款式等搭配适当,其价格可比一般的电气石高。除颜色和光学效应外,透明度、净度、切工和重量等也是需要考虑的因素,一般而言,透明度和净度越高,切工越好,重量越大,价格越高。

6.2 海蓝宝石

海蓝宝石英文名称 Aquamarine,其中"Aqua"是水的意思,"marine"是海洋的意思,可见这种宝石的取名多么贴近它的颜色,即海洋宝石。海蓝宝石长期以来却一直受人们所喜爱。它被认为是三月生辰石,象征和平和镇定,对于心绪不稳的双子座人士来说,海蓝宝石是其最佳守护者。传说这种宝石产生在海底,是海水之精华,所以航海家用它来祈祷海神保佑其航海安全,因而又被称为"福神石"。在电影《加勒比海盗》中,如果你观看仔细,就会发现水手中大多数佩戴着海蓝宝石,应该就是这一文化的重要体现。

6.2.1 基本性质

与祖母绿一样,海蓝宝石的矿物成分也为绿柱石,因此其化学成分、结晶学性质和物理性质也基本相同,晶体同样呈六方柱状(图6-2)。所不同的是:由于绿

图6-2 绿柱石晶体

柱石的成因和形成条件不同,使其中所含的致色离子不同而呈现出不同的颜色。颜色不同,宝石的品种也就不同,常见的有以下几个品种:

(1)绿柱石含致色离子铬者,其颜色为翠绿色就是十分珍贵的祖母绿。

(2)绿柱石含致色离子铁者,呈天蓝色或海水蓝色,称海蓝宝石。

(3)绿柱石含致色离子铯、锂和锰者,其颜色呈玫瑰红色,称铯绿柱石(Morganite),其英文名称来源于美国宝石爱好者(J. P. Morgan)的名字。

(4)绿柱石含铁并呈金黄色、淡柠檬黄色者,称金色绿柱石(Heliiedor),其英文名称来源于希腊语的"太阳"。

(5)绿柱石含钛和铁者,呈暗褐色则称暗褐色绿柱石(Dark Brown Beryl)。

6.2.2 真假鉴别和质量评价

与相似宝石的区别是鉴别海蓝宝石的关键。与海蓝宝石相似的宝石较多,常见的有改色黄玉、磷灰石、改色锆石、玻璃和人造尖晶石等,其主要区别见表6-1。由此看出,它们与仿制品的物理性质相差较大,易于鉴别。

表6-1 海蓝宝石与相似宝石的区别

宝石种类	硬度	密度(g/cm^3)	折射率	双折射率	偏光镜下特征
蓝宝石	7.5	2.67~2.90	1.560~1.600	0.006	四次明暗变化
锆石	7.5	4.69	1.926~1.985	0.059	无
黄玉	8.0	3.59	1.610~1.620	0.010	
人造尖晶石	8.0	3.63	1.728	无	无
玻璃	7.0	2.37	1.50	无	无
磷灰石	8.0	2.9~3.1	1.630~1.667	0.002~0.005	

此外,海蓝宝石的颜色为天蓝色、淡天蓝色,玻璃光泽,包裹体较少,但可以见到管状包裹体,通常是中空或充满液体的细长管状包裹体,若密集定向排列,可琢磨出猫眼效应。

海蓝宝石的经济评价依据是颜色、透明度、净度、重量等,通常以颜色为较深海水蓝色、内部无瑕、清彻通透、重量大者为佳品,价值亦较高。

6.3 水 晶

水晶古代叫水精、水碧和水玉等,因为古代人们认为水晶是冰变化来的。例如,宋代著名诗人杨万里就写过这样两句诗:"西湖野僧夸藏冰,半年化作真水精"。另外,古希腊的著名哲学家亚里斯多德,也认为水晶是冰经长时间变化后形成的。现代科学证明,水晶和冰是完全不同的两种东西。水晶实际上是结晶特别完好的二氧化硅,它经常是纯净透明、晶莹闪亮、惹人喜爱。它常被人们比作贞洁少女的眼泪、夜大天穹的繁星、圣人智慧的结晶、大地万物的精华。不同颜色的水晶,被赋予不同的象征意义,如紫水晶被作为二月生辰石,象征智慧、人缘、沉着冷静;白水晶象征镇宅、避邪和除病等;发晶象征胆量、果断等;黄晶作为十一月生辰石,象征友爱和友谊。水晶还作为结婚15周年纪念石等。

6.3.1 基本性质

水晶的化学成分 SiO_2,晶体通常由六方柱及两端的菱面体组成,如果这两套菱面体同等发育,则晶体将以六方双锥为其终端,水晶体表面总显示水平条纹(图6-3),这些成为鉴定水晶原石最重要的特征和依据。

图6-3 水晶晶体

水晶无解理,无裂开,典型的贝壳状断口,摩氏硬度7,密度 $2.65 g/cm^3$,折射率 $1.544 \sim 1.553$,双折射率 0.009,色散 0.013。一轴晶正光性,玻璃光泽,多色性弱至强,具体取决于品种。水晶具热电性和压电性,这使它在工业上具广泛用途。

6.3.2 品种划分

水晶品种常根据颜色、包裹体等特征来划分,常见的品种有:

1. 单色水晶

即是只有一种颜色的水晶,按具体呈现的颜色又可进一步分为:白晶(无色水晶)、粉晶(也称芙蓉石)、茶晶(也称烟晶、墨晶)、紫晶、黄晶和极少量的天然绿水晶。

2.双色水晶

即为显两种颜色的水晶,有紫黄晶、茶黄晶等品种。

3.包裹体水晶

即为含有包裹体的水晶,可进一步分为幽灵、发晶、兔毛、胶花、水胆水晶、晶中晶、七彩光水晶等。

(1)幽灵:主要分为绿幽灵、红幽灵、白幽灵、黄幽灵、紫幽灵、蓝幽灵等;

(2)发晶:主要分为钛晶、金发晶、银发晶、铜发晶、红发晶、绿发晶、黑发晶、黄发晶、白发晶、蓝发晶等;

(3)兔毛:分为红兔毛、黄兔毛、绿兔毛、白兔毛等;

(4)胶花:分为黄胶花和红胶花等;

(5)水胆水晶:又称万年水水晶,水在水晶中能移动;

(6)七彩光水晶:是由于水晶中存在着微裂隙而使空气进入形成薄膜对可见光的散射和干涉效应;

(7)晶中晶:就是水晶内部包裹着矿物,此矿物可以是水晶本身,也可以是其他自然界产出的一切矿物,包括云母、石榴子石、方解石、萤石等。

4.石英猫眼和星光石英

在水晶中,有时含有沿一定方向排列的针状或纤维状矿物包裹体,还可能含有细针状或纤维状沟槽,它们的个体非常细小,肉眼看不见,这种石英琢磨成半球形的弧面石时,会出现垂直于细针状或纤维状分布方向的猫眼闪光,这叫做"石英猫眼"。另外,有少量的水晶品种,它包含了沿三个方向定向排列的矿物包裹体,沿这种晶体一定方向琢磨成弧面型宝石时,会显示星光效应。具猫眼和星光效应的水晶都比一般水晶名贵。

6.3.3 真假鉴别

水晶的真假鉴别相对较为简单,主要是要注意与人造水晶和玻璃的区别。

1.与人造水晶的区别

由于人造水晶的工业用途很大,因而人工合成水晶的历史较长,用途也很广泛,已成为一新兴行业,即人工合成水晶业。

由于一般装饰用合成水晶与天然水晶的价值相差不大,因而市场上不太注意它们间的真假鉴别。对大件水晶工艺品,如直径大于10cm的水晶球等,天然者远比合成者昂贵,对此作出正确鉴定是十分必要的。另外,对紫晶而言,由于天然品比合成品珍贵,因而也应对其作出正确鉴别。对原料:天然紫晶具规则的外部晶形,而人工合成紫晶原料没有晶形,中心还可以看出有一个片状的晶核。对成品:

天然者其颜色分布不甚均匀,并常含有各种包裹体,而人工合成紫晶颜色均匀,内部纯净。

2. 与玻璃的区别

水晶与玻璃的区别在于玻璃是非晶质体,无双折射,因此,只需用偏光仪就能把两者清楚地区分开来。另外,两者的折射率、比重、硬度、热导率也有差别。由于玻璃硬度比水晶低,因而总是水晶能刻动玻璃,玻璃不能刻动水晶;由于水晶导热率高,因而手摸上去有凉感,而玻璃则无这种感觉。

6.3.4 质量评价

水晶作为低档宝石,其重量大的、无瑕透明的都十分常见,因而这些要素都不是评价水晶的最重要依据。一般而言,影响水晶最重要的因素是颜色,水晶市场上最受欢迎的颜色便是紫色,因而紫晶的价格应是最高的。除紫晶外,具星光效应和猫眼效应,且效果好者,价值也较高。此外,一些含有内含物的水晶,当其内含物呈特殊造型,如山、水、花、鸟、人物、文字等,是十分难得的观赏石珍品,也是收藏家努力寻求的对象。

6.4 锆 石

锆石(Zircon)又称锆英石,日本称之为"风信子石",它与绿松石、青金石一道,是十二月生辰石,象征胜利、好运和成功。英文名称来源于阿拉伯文"Zarkon",原意为"辰砂"或"银珠",另一种说法来自波斯语"Zargun",意为"金黄色"。第一次正式使用 Zircon 是在 1783 年,用来形容一种来自斯里兰卡的绿色锆石晶体。锆石是地球上形成的最古老矿物之一,因其稳定性好,而成为地球科学中同位素地质年代学最重要的定年矿物,地球科学家已测出的最古老的锆石形成于 43 亿年前。

6.4.1 基本性质

锆石是金属元素锆的硅酸盐,化学成分是 $ZrSiO_4$。由于锆石折射率很高、色散强,将无色透明的锆石琢磨成圆多面型琢型的宝石后,会具有类似于钻石那样的亮度和火彩,因此,在其他仿冒品生产出来之前,钻石的仿制品主要就是锆石。过去锆石一直是天然钻石的代用品或仿冒品,因此它也有"曼谷钻"之别称。锆石经过一段时间的辐射轰击,或因自身含放射性元素铀和钍时,将发生蜕晶质作用而形成低型锆石,低型锆石由于已变成氧化物(ZrO_2+SiO_2),因而其性质已发生了根本变化,变成为非晶质物质。

锆石晶体在结晶学上为四方晶系,晶体常由四方柱和四方双锥等单形组成(图6-4),解理差,摩氏硬度高型锆石为7.25,低型锆石为6;折射率高型锆石为1.93~1.99,低型锆石为1.78~1.83;双折射率高型锆石为0.059,低型锆石几乎没有双折射;密度高型锆石为$4.6 \sim 4.8 g/cm^3$,低型锆石为$3.9 \sim 4.1 g/cm^3$;色散高型锆石高,为0.039,低型锆石无;光性高型锆石为一轴晶正光性,低型锆石实际上是各向同性的。锆石为亚金刚光泽,多色性弱,锆石的颜色很多,有无色、淡黄、黄褐、橙色、紫红、淡红、蓝色、绿色、烟灰色等。作为宝石,其最佳颜色是无色透明及红色和蓝色。

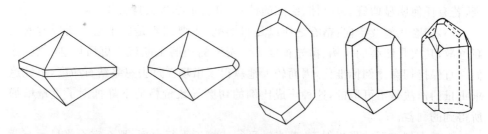

图6-4 锆石晶体常见晶形

6.4.2 真假鉴别

锆石的真假鉴别相对较容易,其主要原因在于锆石在市场上被冒充的情况比较少见,而多数的情况是:

(1)用人造品来仿冒锆石:这些人造品常见的有玻璃、人造尖晶石、立方氧化锆等,但这三种人造品均为均质体,无双折射和多色性现象,用偏光镜和二色镜容易将它们分开。

(2)用无色、透明无瑕的锆石仿冒钻石:同样,钻石是均质体,锆石是非均质体,双折射现象十分明显,用偏光镜容易将它们分开。实际上肉眼也能判断,透过锆石观察,其底面边棱有明显的重影现象。当然,用热导仪将使鉴定更加便捷。

由于自然界产出的锆石颜色佳者很少,于是人们对颜色欠佳的锆石进行处理,以达到提高质量的目的。例如在马来半岛湄公河流域所产的锆石晶体,原为难看的褐色,后经过在氧化环境中及供氧不足的还原环境中加热到900℃,就分别变成了无色、金黄色或蓝色。因此,处理锆石的鉴别应是锆石真假鉴别中值得重视的问题。

6.4.3 质量评价

锆石属中低档宝石,但质量高低之间价格相差也较大。根据目前市场的一般标准,其评价的主要依据有下列几点。

(1)颜色:锆石最流行的颜色有两种:无色和蓝色。其中,以蓝色价格较高,无色锆石要求和钻石一样透明,不能带灰色或褐色色调,这样的锆石才具有和钻石一样闪烁彩色光芒的效果。

(2)净度:目前由于无瑕疵的锆石有充足的市场供应,所以那些有缺陷的锆石材料就没有市场。因此锆石净度的评价标准是在10倍放大镜下不带任何明显瑕疵,若有任何明显瑕疵、包裹体、裂隙的锆石,其价值都将大打折扣。

(3)切磨比例及定向:锆石之所以显得漂亮,主要因素是由于它的高折射率及高色散,其次是切磨的比例、抛光程度等。泰国的切磨工匠似乎更懂得这一点,他们一直保持切磨比例标准化,因而较大地赢得了市场。过去忽略锆石净度,单纯追求重量的作法是不可取的,这种不成比例的切磨导致价格的下降抵消了重量增加所得到的利益。

由于高型锆石的高折射率,若光轴平行或接近平行台面,那么宝石将显示有背面双折射引起的模糊状态,特别是出现在较大的颗粒中。要避免这一点,宝石的切割应该使光轴垂直台面。

6.5 尖晶石

尖晶石(Spinel)由于其外观酷似红宝石,且有时还与红宝石共生,因此,古时候一直把尖晶石误认为是红宝石,世界上最具传奇色彩、最迷人的重达361ct的"铁木尔红宝石"(Timur Ruby)和1660年被镶嵌在英帝国国王王冠上重达170ct的"黑色王子红宝石"(Black Prince Ruby)直到近代才鉴定出它们均是红色尖晶石。因此,从古至今尖晶石的名声都不太好,因为它总是以冒充其他珍贵宝石的姿态出现。除前面谈到的著名宝石外,在我国清朝,凡亲王、郡王、贝勒等皇亲贵族封爵和一品大官,帽子上都用红宝石作顶子,但从留存到现代的大量红宝石顶子看,几乎全是用红色尖晶石制成的,并没有真正的红宝石制品。

世界上最大、最漂亮的红天鹅绒色尖晶石,重398.72ct,是1676年俄国特使奉命在北京用2 672枚金币买下的,现作为国宝被保存在莫斯科金库中。尖晶石中的蓝色品种也广受人们所喜爱,它与海蓝宝石一道被作为三月生辰石,象征沉着、勇敢和聪明。

6.5.1 基本性质

尖晶石是一种镁铝氧化物矿物,化学成分 $MgAl_2O_4$。在矿物学上,它属立方晶系,晶体常呈八面体,有时也呈十二面体以及立方体与八面体等构成的聚形(图6-5)。双晶常见,且八面体晶体常显示三角座标志,这些是鉴定尖晶石原石的重要标志。尖晶石无解理,摩氏硬度为8,密度为 $3.58\sim3.61g/cm^3$,折射率 $1.712\sim1.730$,单折射,色散中等,为0.020,有明亮的玻璃光泽,颜色变化极大,几乎各种颜色都有。

图 6-5 尖晶石晶体

6.5.2 主要品种

在商业上和宝石学上,尖晶石品种划分有多种方案,如根据成分有镁尖晶石、铁尖晶石和锌尖晶石等,但商业上主要采取用颜色来划分的方案。主要有以下几个变种:

(1)红色尖晶石:是尖晶石中最珍贵的品种,而且越接近红宝石的颜色越珍贵。它是因为尖晶石中含微量铬所致。

(2)紫色尖晶石:颜色从紫到紫红色,具有类似于石榴子石的色泽。

(3)粉红或玫瑰色尖晶石:其特征是亮红到紫红的色调。对这个颜色的尖晶石,也曾起过错误的名字,叫"玫瑰尖晶石红宝石"。

(4)桔红色尖晶石:这个品种从前曾称为橙尖晶石,这个字来自法文 Rubace,意思也指红宝石。

(5)蓝色尖晶石:尖晶石显蓝色是因为其中含微量的铁和锌。在这个变种中,真正好的蓝色十分稀少,常常呈灰暗蓝到紫蓝,或带绿的蓝色。

(6)变石尖晶石:这是非常稀少的尖晶石品种,但其变色效应和真正的变石明显不同。变色尖晶石在阳光下呈灰蓝色,在人工光源下呈紫色。

(7)星光尖晶石:这与变色尖晶石相比更为罕见。据报道,所有发现具星光者仅10余颗,其星光效应也是由其中定向排列的针状包裹体引起的。

6.5.3 真假鉴别

从表面看,尖晶石易与其他相似的宝石相混淆,红色者与红宝石等相混,蓝色者与蓝宝石等相混。但实际上,尖晶石的鉴别是较容易的。首先,尖晶石是均质体,因而无双折射和多色性,仅用偏光仪或二色镜就可将它与非均质宝石如红宝石、蓝宝石、海蓝宝石、水晶等区别开来。与石榴子石相比,虽然两者外貌相似,但石榴子石的折射率明显高于尖晶石,另外,由于致色元素不同,因而两者具明显不同的光谱特征。

偶而尖晶石可能与玻璃相混淆,但由于玻璃是人造品,其中含大量的气泡,用肉眼或 10 倍放大镜下可明显观察到。

鉴别尖晶石时,天然尖晶石与人造尖晶石的鉴别是关键。但由于客观的原因,天然尖晶石和人工合成尖晶石的成分有明显的不同,因此它们的特征也存在明显差别(表 6-2),因而也较易将两者分开。

表 6-2 天然尖晶石和人造尖晶石的区别

宝石名称	$MgO:Al_2O_3$	密度(g/cm^3)	折射率
天然尖晶石	1:1	3.60	1.717
人工合成尖晶石	1:3.5	3.64	1.728

6.5.4 质量评价

尖晶石的质量评价重在颜色。从商业角度看,最好的颜色是深红色,其次为紫红色、橙红色和蓝色者也较佳。

尖晶石很适合切磨成刻面型,因为它瑕疵比较少,用一般肉眼观察都比较干净,因此,倘若尖晶石出现瑕疵,则价格就比较低。特别是有裂口及缺陷的则更影响价格。总之,尖晶石的评价时净度的要求较高。

从重量角度来说,尖晶石价格随重量的增加并不十分显著,一般尖晶石不管大小,除红色等少数品种外,每克拉的平均价格都差不多。

6.6 石榴子石

当打开一个熟透了的石榴时,露出的是许多晶莹闪亮的红色多棱面小籽粒,而常见宝石中有一种宝石和这些漂亮的籽粒十分相似,它就是石榴子石。石榴子石(Garnet)在青铜器时代已经成为较普遍的宝石,古埃及人用石榴子石来装饰他们的服饰,公元前4世纪,古希腊已经用石榴子石做首饰,古以色列第一位大祭司亚伦所佩戴的彩色胸兜上12颗宝石之中,就有石榴子石。石榴子石还被作为一月生辰石,代表了忠诚、真诚和坚贞。

6.6.1 基本性质

石榴子石宝石是一个宝石族,重要的有六个亚种,其通用分子式为 $L_3M_2[SiO_4]_3$。它们构成两个类质同像系列,即铝榴石系列和钙榴石系列。在铝榴石系列中,L 可以是 Mg、Fe 和 Mn,M 则永远是铝,有镁铝榴石、铁铝榴石和锰铝榴石三个重要品种。在钙榴石系列中,L 是 Ca,而 M 则可以是 Cr、Al 或 Fe,有钙铬榴石、钙铝榴石和钙铁榴石三个品种。石榴子石在矿物学上为立方晶系,晶体常呈菱形十二面体(图6-6),均质体,单折射,无解理,其他性质取决于品种。

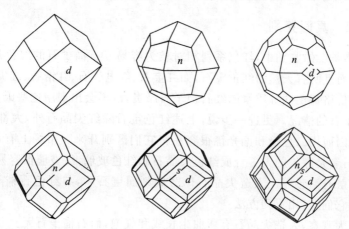

图6-6 石榴子石晶体形状

(1) 镁铝榴石:化学成分 $Mg_3Al_2[SiO_4]_3$,摩氏硬度7.25,密度3.7～3.8g/cm³,折射率1.74～1.76,透明—微透明,中等色散,颜色红、黄红和略带紫的红色,由铬和铁同时致色,因而一般红区有双线,但也显示铁铝榴石的光谱特征。

(2) 铁铝榴石:化学成分 $Fe_3Al_2[SiO_4]_3$,摩氏硬度7.5,密度3.8～4.2g/cm³,

折射率1.76~1.81,呈明亮的玻璃光泽,透明—微透明,中等色散,颜色为褐红至略带紫的红色,是典型的铁光谱。当含定向排列的金红石包裹体达一定量时,可显猫眼效应。

(3)锰铝榴石:化学成分 $Mn_3Al_2[SiO_4]_3$,摩氏硬度7.25,密度4.16g/cm³,折射率1.80~1.82,明亮的玻璃光泽,透明—微透明,中等色散,颜色为黄橙、红和褐红色,其吸收光谱为紫区有两条极强带。

(4)钙铝榴石:化学成分 $Ca_3Al_2[SiO_4]_3$,摩氏硬度7.25,密度3.60~3.70g/cm³,折射率1.74~1.75,呈玻璃至树脂光泽,透明—微透明,中等色散,颜色变化大。其中被称为桂榴石(钙铝榴石)的品种颜色为褐黄—褐红色。对这一品种,内部特征是非常典型的,即大量的圆形晶体独特的油脂或糖浆状内部效应产生了粒状外观。

(5)钙铁榴石:亦称翠榴石。化学成分 $Ca_3Fe_2[SiO_4]_3$,摩氏硬度6.5,密度3.85g/cm³,折射率1.89,呈明亮的玻璃光泽至亚金刚光泽,透明—微透明,中等色散,颜色为绿色。翠榴石由铬致色,因而其光谱红区有双线。另外,紫区有一条强吸收带也是其重要的特征。

(6)钙铬榴石:是一种明亮绿色的石榴子石,由铬致色,但这种石榴子石大小适用加工的晶体极少,因此,作为宝石,市场上非常少见。

6.6.2 真假鉴别

在石榴子石的鉴别中,红色系列相对较为容易。石榴子石的红色是相当特殊而独有的,而且所有天然的红色宝石,如红宝石、红电气石、红锆石、红尖晶石、红绿柱石等,其价格都比同等质量的红石榴子石昂贵,故不会出现用这些天然宝石来冒充红石榴子石的情况。更进一步说,上述红色宝石除红尖晶石外,大都具二色性,具双折射,因而用二色镜和偏光镜很容易将它们区别开来。市场上有可能冒充红色石榴子石者是廉价的人工合成红色尖晶石和红色玻璃,红玻璃很容易认识,可见气泡,手接触有温感等。人造尖晶石琢磨成刻面宝石后,与红色石榴子石非常相似,要区别它们,可用下列方法:

(1)放大观察,人造尖晶石有弯曲生长线和气泡,而石榴子石无。
(2)人造尖晶石的折射率为固定的1.728,而红石榴子石一般大于1.74。
(3)人造尖晶石和红石榴子石有完全不同的光谱特征。

对绿色品种的翠榴石而言,其鉴别要比红色石榴子石困难得多,因为翠榴石价格昂贵,用其他低档品来冒充的概率很大,但注意下列各点,一般可以克服被仿冒的问题,并能对翠榴石作出比较正确的鉴别。

(1)在翠榴石中,几乎都有呈束状或放射状的石棉纤维包裹体,亦称"马尾状"

包裹体。这种包裹体一般在 10 倍放大镜下就能看到,这种包裹体是翠榴石所特有的,只要发现这种包裹体,可以确定该宝石是翠榴石。

(2)翠榴石在查尔斯滤色镜下呈红色,根据这一点可以将翠榴石与很多仿冒品相区别开来,如绿色电气石、绿色蓝宝石、绿色玻璃等。

(3)翠榴石是均质体,这一点可以与之最为相似的祖母绿、绿色锆石等相区别。

(4)有些人工合成材料,如绿色立方氧化锆、绿色钇铝榴石等经精心切磨后冒充翠榴石出售,曾经骗过了许多行家。区别它们的最好办法是用光谱,另外,包裹体也可提供重要线索。

6.6.3 质量评价

由于石榴子石有许多品种,相互间价格的差别比较大,因而品种便成了评价石榴子石质量的重要因素。在市场上,石榴子石常见有两种颜色:一是较为普遍的红色、紫红或暗红色,包括镁铝榴石、铁铝榴石和少数锰铝榴石,这种石榴子石的价格比较便宜,一般几—几十元人民币/克拉;二是十分美丽的绿色,主要品种是翠榴石,这个品种价格较昂贵,优质者和祖母绿价格相当。

重量和净度对红色系列的价格影响不大,因为大颗的透明无瑕的红色石榴子石很容易得到。但对于翠榴石来说,其影响就比较大了,如同于祖母绿评价中的重量和净度。

切工质量永远是宝石评价中必须考虑的重要因素,石榴子石也不例外。具体要求切工规整、比例适当、无缺陷和抛光好。达到这些标准的程度越高,质量就越好,价格也会越高。

6.7 托帕石

托帕石中国人过去习惯称黄玉,托帕石来自于其英文(Topaz)的译音。相传有一位埃及王妃企图刺杀高高在上的法老王,由于败露而被流放到位于红海的 Topazs 岛,因为这个岛终年被迷雾所笼罩,要千辛万苦地寻找才能到达。王妃用善良和正义打动了岛上的居民,年迈的岛主认定她是神派来的,于是将一颗闪耀着太阳般金色光彩的宝石赠与她,此石因而得名 Topaz。传说终归是传说,但托帕石的确有着悠久的历史,在古埃及和古罗马文献中均有托帕石的记载,但名气不太大,只是偶尔为王室和教会所用。到了 18 世纪,欧洲人将托帕石与钻石一起被制作首饰,托帕石于是声名鹊起,在此之后,托帕石便日益受到人们欢迎。长期以来,托帕石被用作为十一月的生辰石,象征友谊和忠诚。

6.7.1 基本性质及品种

1. 基本性质

矿物学上,托帕石是一种含氟的硅酸盐,化学分子式 $Al_2(F,OH)_2SiO_4$,斜方晶系,原石晶体主要呈柱状(图 6-7),有时以水蚀卵石产出。托帕石具完全的平行底面的解理,摩氏硬度为 8,密度 $3.5\sim3.6g/cm^3$,无色、褐色及蓝色者折射率为 $1.61\sim1.62$,双折射率为 0.010;红色、橙色、黄色和粉红色托帕石折射率为 $1.63\sim1.64$,双折射率为 0.008,二轴晶正光性,玻璃光泽,色散低,为 0.014,多色性明显与否决定于体色,颜色变化大。托帕石产于世界各地。

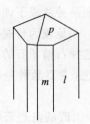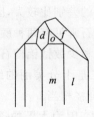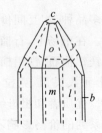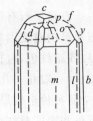

图 6-7 托帕石晶体形状

2. 主要品种

托帕石的品种主要根据颜色来划分。根据颜色的不同,托帕石可分为下列品种。

(1) 黄色托帕石:有价值的为金黄色及酒黄色。金黄色是黄而带橙色,酒黄色则是黄而带红色。黄色托帕石很普通,常见个体为中等,极大块的也不稀罕。

(2) 粉红至红色托帕石:目前国际市场上出售的粉红至红色托帕石,大部分是用黄褐色的托帕石经过加热处理而得到,这种处理品颜色比较稳定,不会逆转。

(3) 蓝色托帕石:这是国际市场上比较畅销的托帕石品种,因为它比海蓝宝石便宜,可外观质量却差不多。它的颜色主要是天蓝色,并常带一点灰或绿色调。

(4) 无色托帕石:可以称作被遗忘了的宝石。因为无色托帕石的折射率不高,色散亦低,因而琢磨成刻面后平淡无奇,不受人喜爱。

6.7.2 真假鉴别

托帕石由于价格不高,因而鉴别时麻烦不多。首先不会出现用高档的红宝石、蓝宝石等冒充低档托帕石的情况。市场上出现较多的是用价格比托帕石还低的黄水晶、合成蓝宝石、合成尖晶石、玻璃等来仿冒托帕石。对于人工合成尖晶石和玻璃由于是均质体,因而用二色镜和偏光镜很容易将它们分开。合成蓝宝石的折射率和密度与托帕石也明显不同,也易将它们区别出来。最应值得重视的是,用黄水晶来仿冒黄色托帕石的问题，这早已经成为一个国际性的大问题,对初次接触宝石的人来说,区别它们的确不太容易鉴别,因为其外貌非常相像。但两者用仪器鉴别是相当容易的,黄色托帕石的折射率为1.63～1.64,而黄水晶仅为1.544～1.553；托帕石的密度为3.53g/cm³,而黄水晶的密度为2.65g/cm³。

6.7.3 质量评价

由于托帕石属于中、低档宝石,大块的宝石较易找到,因而重量不是十分重要的评价要素；由于托帕石具完全的底面解理,易出现裂纹,干净、质量上乘的宝石也不多见,因而净度是应该予以重视的要素。但在托帕石评价中最重要的应该是颜色。最好应是红色和粉红色,其次是蓝色和黄色,以无色者价值最低。对于有色托帕石,以颜色浓艳、纯正、均匀、透明、洁净和重量大者为佳。

6.8 橄榄石

橄榄石(Peridot 或 Olivine)是大约于3500年前在古埃及的领地圣·约翰岛发现的,古埃及人对其倾注了全部的爱,奉为国石,因其地位尊崇被装饰于神庙和教堂上。据史料记载,著名的埃及艳后克莉奥·佩特拉的大量绿色珠宝均是橄榄石。埃及时兴橄榄石后,古罗马人也随之跟风,炫耀着可以与埃及比美的橄榄石珠宝。他们认为橄榄石具有太阳的力量,可以驱除邪恶,降伏妖术,并称其为"太阳的宝石"。橄榄石是八月的生辰石,象征着夫妻感情深厚、幸福和谐。

6.8.1 基本性质

在矿物学上,橄榄石是一种镁铁硅酸盐矿物,化学成分$(Mg,Fe)_2SiO_4$,其晶体为斜方晶系,原石晶体呈柱状(图6-8),但晶形完好者甚少。晶体常以碎块或滚圆卵石形式出现。解理差,摩氏硬度为6.5,密度3.32～3.37 g/cm³,折射率1.65～1.69,双折射率0.036,色散中等,为0.020,二轴晶正光性,玻璃光泽,淡黄绿色

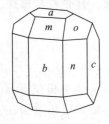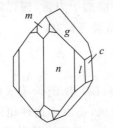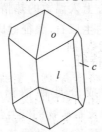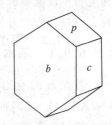

图6-8 橄榄石晶体形状

至深绿色,多色性弱,是典型的铁致色吸收光谱。若橄榄石含包裹体,经精心设计和切磨后,可显示星光效应或猫眼效应,可大大增加橄榄石的价值,但具这种特殊光学效应者较为罕见。世界上有一颗显示"十字"星光效应的橄榄石,重达26.8ct,颜色为深绿色,内部纯净无瑕,星光清澈明亮,堪称稀世之宝。

6.8.2 真假鉴别

橄榄石特有的橄榄绿色使之易于与其他宝石区别开来。再者,由于橄榄石价格比较低,较少出现用其他天然宝石来仿冒的情况,用来仿冒橄榄石最大的可能是绿玻璃,但也较易区别,玻璃一般有气泡和旋纹,而且是均质体。

若用仪器测定橄榄石的折射率,尤其是双折射率、密度和光谱等可以与多数相似的宝石区分开,并对橄榄石作出正确的鉴别。

6.8.3 质量评价

要对橄榄石质量作正确评价,需要对它作全面的了解,特别注意它在宝石业中的使用情况。一般来说,首饰上不用包裹体太多的橄榄石,因为它很透明,即使是有几个小的包体,如果肉眼可以见到的话,也不能用,如果使用,价格也应大打折扣。

决定橄榄石价值的主要因素,第一是它的富有魅力的颜色,要求颜色纯正,中到深的黄绿色,色泽均匀,有一种温和鹅绒般的感觉。第二是重量大小,一般要求颗粒要大一些,但大颗粒与小粒相比,价格相差并不太悬殊。

6.9 月光石

月光石(Moon stone)在中文文献中记载不多,而在其他国家从古代便作为较重要的宝石。在古罗马,他们认为月光石是由月光形成的,从月光中可以看见月光之神狄安娜的影子。希腊人认为月光石是美神与爱神维纳斯的象征。月光石是长石族宝石的一种变种,在许多地区,人们相信佩戴它可以带来好运,还有人认为这种宝石不仅能唤醒心上人温柔的热情,并能给予力量,憧憬未来。月光石与珍珠、青金石被当作六月的生辰石,象征健康、富贵与长寿。

6.9.1 基本特征

月光石的化学成分是钾钠铝硅酸盐,由正长石($KAlSi_3O_8$)和钠长石($NaAlSi_3O_8$)这两种长石矿物的交互层组成,正由于这种超薄的交互层状结构,光进入将发生干涉,从而形成一种浅蓝至乳白色带银光的晕彩,显示一种月色朦胧的晕色,即称"月光效应"。

月光石晶体为单斜晶系,原石呈破裂碎片和滚圆卵石,解理在两个方向上好,摩氏硬度为6,密度2.65 g/cm³,折射率1.52～1.53,双折射率为0.006,二轴晶负光性,色散低,为0.012,玻璃光泽,透明—微透明,颜色有无色、白、粉红、橙、黄、绿、褐及灰色。

6.9.2　真假鉴别

月光石由于其特殊的光学效应,一般不易与其他宝石相混。但有些材料,如玉髓、石英、天然玻璃、人造玻璃等,有时因含有似丝绸那样的包裹体,显示类似月光石的光学效应。鉴别时,天然玻璃和人造玻璃明显有气泡,并显示的全消光,很易将它们区别出来;对玉髓,因为它是隐晶质,因而在偏光镜下旋转360°为全亮,而月光石有四次明暗变化;对石英,它的折射率为1.544～1.553,双折射率为0.009,都比月光石大,而且月光石的两组完好的解理往往形成似"蜈蚣"图案的包裹体,石英是绝对不会有这种包裹体。基于上述特征,可将月光石与其他宝石区分开来。

6.9.3　质量评价

最有价值的是显蓝色调并具月光效应的月光石,显白色具月光效应者价格就低一些。最好的宝石必须没有任何内部和外部的裂纹或解理。为了显示强烈的"月光效应",宝石必须是半透明的。

评价月光石时,常常遇到的问题是切工方向不正确,而且切工粗糙。月光石经常显示一种类似于猫眼的光学效应,这种猫眼的眼线必须与宝石长轴平行,最好对称协调,切工精细,有任何偏差者,其价格都会大大降低。

第七章 中国玉文化的杰出代表
——和田玉

7.1 历史与传说

关于"和田玉"的名称,自古以来说法较多,除"和田玉"外,还有"真玉""软玉""透闪石玉""昆山玉""昆仑玉""于阗玉""白玉""珣玗琪玉""瑶琨玉""球琳玉"或"缪琳琅玕玉"等等。按照国家标准《GBT 16552—2010 珠宝玉石·名称》,和田玉是指以透闪石为主要成分的一类玉石的统称,与产地无关。包括目前市场上常见的新疆和田玉、青海和田玉、辽宁和田玉、俄罗斯和田玉等,并非专指新疆产的和田玉。

和田玉究竟在何时被发现?的确是无从可考。据俄罗斯西伯利亚的 Malta 遗址考古发现成果,在距今 24 000~23 000 年就有大量的和田玉质制品。2011 年 11 月在苏州举行的"陆子冈玉雕艺术与中国玉文化研讨会"上,香港中文大学邓聪教授应邀作了《东亚最早的玉器》的学术报告,他在报告中透露。在阿尔泰地区考古发掘中,Denis ova 洞穴第 11 层出土了相当精美的和田玉质环和坠饰等,其年代测定约在距今 38 000 年前。这或许就是至今人类最早使用和田玉的历史记录了。

距今 30 000~17 000 年的辽宁海城小孤山文化遗址,出土的石器制品万件以上。石器的主要原料为石英,也有岫玉,还有几件是和田玉。其中一件用和田玉料制作的石片,是用锤击法从河磨玉(和田玉)的原石上打下来的石片,经考证为辽宁岫岩产和田玉的一角,主体呈绿色,局部保留褐色石皮,长 10cm,宽 5~6cm。另一块是在洞口距地表 2.5m 深的第三层发现的,是典型的玉质双刃尖状器。该样本的器形规整,适于使用,保存完好,长 10.77cm,宽 4.5cm,厚 2.08cm,是用锤击法打下的石片两边进一步加工而成的,两侧边缘均有明显的打击痕迹,刃边较平直,一侧刃有两处大的石片疤,另一侧刃上有修理和使用的痕迹,在其顶部和背面也有细微的台阶状修理痕迹。石器玉质温润,呈绿色,经检测,属透闪石质玉,即和田玉。这两件和田玉制品从时间上正处于三皇五帝的燧人氏时代。表明和田玉在现今的中国领土上的应用也具有十分久远的历史,肯定要比一般人认识的要久远得多。

同样在我国东北地区,在离小孤山文化遗址不远的地方,发现有兴隆洼文化遗址,时代距今 8 200~7 600 年左右。被学术界公认为是和田玉器的发源地之一。

兴隆洼文化遗址从时间上来看处于伏羲时代和神农时代。在兴隆洼文化遗址和田玉器出现之后，又兴盛起了红山文化的和田玉玉器，时间上处于黄帝时代。小孤山文化遗址、兴隆洼文化遗址和红山文化遗址，其所用和田玉的材质都与辽宁岫岩和田玉的材质非常接近。这符合古文化遗址中和田玉就地取材的一般认识，即是说三个文化遗址中的和田玉均来自辽宁岫岩和田玉。如果这一结论成立的话，辽宁岫岩地区应该是三皇五帝时期和田玉开发利用的中心之一。

燧人氏时代和田玉还主要用作工具，属石器范畴。但伏羲时代至舜禹时代的数千年间，中国东西南北在近几十年中发现了数以千计的文化遗址，一些遗址中发现有以和田玉作原料的精美玉器。虽然这些和田玉器为什么制作？是谁人制作？用什么方法制作？等等，都有待于作深入细致的研究，但发现的器物足以充分反映了三皇五帝时期开发利用和田玉的辉煌。许多学者将这一时期称作为中国玉文化的孕育期，但这一时期玉文化发展高潮迭起，可能并非人们所想像是孕育期这样的简单。我国和田玉的使用时间贯穿三皇五帝整个时期，区域遍布于我国大江南北。众多文化遗址的发现证明，和田玉在这一时期已经得到了充分的开发和利用。

从中华民族的祖先将和田玉与普通石头分开的那一时刻起，和田玉便成为中华民族精神文化的重要载体。逐渐地，它有了更加丰富的内涵，装饰的功能、礼仪的功能、宗教的功能、政治的功能等，甚至成为"国威所系，天子象征，治国理念中，等级标志"（姚士奇，2013）。形成的中国特有的玉文化，和田玉是中国玉文化的杰出代表。

虽然中华民族开发利用和田玉已有近万年的历史，但从已掌握的可靠资料看，从现代科学角度研究和田玉并非中国人。1863年，法国地质学家Damour（德穆尔）首次对八国联军从中国圆明园掠夺至欧洲的"和田玉"和"翡翠"进行了矿物学研究，并公布了这两种材料的矿物学特征和物理化学性质等研究结果，他将这两种材料统称为Jade（中国人称为"玉"）。同时，他将主要由透闪石组成的"和田玉"命名为Nephrite，将主要由辉石组成的"翡翠"命名为Jadeite。Damour的工作开启了科学研究"和田玉"的先河，在"和田玉"科学研究历史上具有里程碑式的重大意义。

Nephrite名称何时进入中国？进入中国后具体称谓什么？也有一段曲折的历史。据1916年日本学者铃木敏《宝石志》中记载，1868年日本明治维新后，日本学者把Damour（1863）的研究成果引入到日本，他们根据Damour研究结果中Nephrite与Jadeite两种材料在摩氏硬度方面的微小差异（相差约0.5度），并借用汉字将Nephrite译为软玉，将Jadeite译为硬玉。此后，中国人又从日本人那里把"软玉"和"硬玉"的译名照搬了过来，变成了"软玉"指透闪石质玉，即我们熟悉的"和田玉"，"硬玉"指钠铝辉石质玉，即我们今天熟悉的"翡翠"。但是，中国人是在什么时间，由谁翻译过来的，目前还没有找到确切的资料。

近百年来，特别是近二十多年来，把"和田玉"的名称翻译为"软玉"，一直受到行业、学者、专家、收藏家和消费者的质疑。首先，从字面上讲，"软玉"可造成"和田玉"很软的假象，并可能会导致误解和笑话，不少外行人因名称认为"和田玉"是"硬度软的玉"。第二，"和田玉"硬度并不小，有时其硬度还会高于翡翠。台湾学者谭立平1978年在研究台湾花莲玉（也是和田玉）时就得出过这样的结论，他发现台湾花莲玉的相对硬度最高可达7.1。第三，"和田玉"作为相对硬度为6~7的材料，应当属于硬度高的材料范畴，比我们日常用到的钢还硬，在宝石学中也算是硬度高的品种。何况"和田玉"的韧度是已知宝石中最高的，因此，从耐久性方面考虑也应该是最好的。现根据国家标准《珠宝玉石·名称》的原则，将此称为和田玉，这一规定不论是消除误解，还是对促进和田玉产业可持续发展均具有重大意义。

7.2 基本性质

7.2.1 化学性质

和田玉是一种含水的钙镁硅酸盐，化学式为$Ca_2(Mg,Fe)_5(OH)_2[Si_4O_{11}]_2$。它是造岩矿物角闪石族中的透闪石-阳起石系列中的一员。透闪石为白色、灰色，而阳起石则含较深的绿色，这是由于氧化亚铁含量不足引起的。亚铁经氧化成三价铁，颜色变成红棕色，特别是裂缝部位。还有是暴露在外的截面部分也容易氧化而成红棕色。根据研究，和田玉的化学成分理论值应为：SiO_2 59.169%；CaO 13.850%；MgO 24.808%。而实际上不同产地或不同亚种，其化学成分略有不同。

7.2.2 结晶学性质

和田玉的主要组成矿物为透闪石，透闪石属于单斜晶系，透闪石矿物的常见晶形为长柱状和纤维状，和田玉主要是以透闪石为主的纤维状、毛毡状集合体。和田玉原生矿主要呈块状，次生矿主要呈卵石状和砾石状，戈壁玉主要呈块状。

7.2.3 物理性质

1. 力学特征

(1)解理：由于是矿物集合体，因而无解理。但当透闪石晶体较明显时，晶体中可见两组解理。

(2)断口：参差状断口。

(3)密度:一般变化于 2.90~3.10g/cm³ 之间。不同颜色和不同产地的和田玉之间密度存在较大的差别,如白玉一般为 2.92g/cm³,青白玉为 2.976g/cm³,墨玉为 2.66g/cm³;新疆和田玉变化于 2.90~2.99g/cm³ 之间,加拿大和田玉变化于 2.5~3.01g/cm³,新西兰和田玉为 2.95~3.02g/cm³,贵州和田玉变化于 2.85~2.95g/cm³ 之间。

(4)摩氏硬度:一般 6.0~7.0。

(5)韧度:在目前已利用的宝玉石中,和田玉是最高的。

2.光学性质

(1)颜色:和田玉的颜色较杂,有白、灰白、黄、黄绿、灰绿、深绿、墨绿和黑等。和田玉的颜色取决于透闪石的含量以及其中所含的杂质元素,颜色在和田玉的质量评价中至关重要,同时决定和田玉的品种。

(2)透明度:绝大多数为半透明—不透明,以不透明为多,极少数为透明。

(3)光泽:和田玉的光泽较为特殊,古人称和田玉"温润而泽",就是其光泽带有很强的油脂性,给人以滋润的感觉,即油脂光泽。这种光泽不强也不弱,既没有强光的晶莹感,也没有弱光的蜡质感,使人观之舒服,摸之润美,著名的羊脂白玉就是这类玉石。一般来说,玉的质地越纯,光泽越好;杂质多,光泽就弱。当然,光泽在一定程度上还决定于抛光程度。

(4)折射率和光性:和田玉的折射率为 1.61~1.63,平均 1.62。和田玉为多矿物集合体,在正交偏光镜下没有消光。

(5)吸收光谱:和田玉在 498nm 和 460nm 有两条模糊的吸收带,在 509nm 有一条吸收带,某些和田玉在 689nm 有双吸收带。

(6)特殊光学效应:台湾花莲和四川等地产的和田玉经精心切磨抛光后显示一种特有的猫眼效应,很像金绿猫眼,极有收藏价值。

3.其他物理性质

和田玉对冷热变化表现为惰性,冬天摸不冰手,夏天摸不感热,因此人们喜欢贴身佩带。用和田玉制作乐器或编磬,声音清越悠长。新西兰毛利人用和田玉制音板,击之以警告那些企图侵占别人财产的人。

7.2.4 结构构造

和田玉具毛毡状隐晶质变晶结构、显微纤维—隐晶质变晶结构、显微纤维变晶结构和显微片状隐晶质变晶结构等。由于特殊的结构,使得和田玉质地致密、细腻。也正是由于这种典型的结构特征,其细小的纤维状晶体间相互交织使颗粒间的结合能显著加强,由此产生了非常强的抗破裂的能力,因此,和田玉具有非常好的韧性。特别是经过风化、搬运作用形成的和田玉卵石,这种特征表现尤为突出。

和田玉山料一般为块状构造。少数和田玉由于受构造作用影响具片状构造,具该构造的和田玉多数不能利用,无较大的实际经济价值。和田玉仔料具卵状构造,戈壁料以块状构造为主。

7.3 分　类

从古至今,和田玉的分类或品种划分有着多种多样的方案。以下介绍几种常见的分类或品种划分方案,供鉴赏者参考。

7.3.1 产状分类

根据和田玉产出的环境,可将其分为山料、山流水、仔玉和戈壁玉四类。

(1)山料:山料又名山玉、碴子玉,或称宝盖玉,是指产于山上的原生矿。山料特点是玉石呈棱角状,块度大小不同,无风化作用形成的皮壳,质地良莠不齐(图7-1)。

(2)山流水:山流水名称由采玉和琢玉艺人命名,即指原生矿石经风化崩落,并由冰川和洪水搬运过,但搬运不远的玉石。山流水常保留在山下洪积或残积物中。山流水的特点是距原生矿近,块度较大,棱角稍有磨圆,表面较光滑。

(3)仔玉:仔玉是由山料风化崩落,经大气、流水选择风化、剥蚀、经流水长远搬运、分选沉积下来的优质部分,仔料一般呈卵状(图7-2)。大小全有,但小块多,大块少。这种玉质地好,水头足,色泽洁净,上好羊脂白玉就产其中。

(4)戈壁玉:主要产在沙漠戈壁之上,主要是原生矿石经风化崩落并长期暴露于地表,并与风沙长期作用而成。戈壁玉的润泽度和质地明显比山料好。

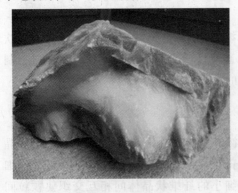
图7-1　和田玉山料

图7-2　和田玉仔料

7.3.2 颜色分类

和田玉按颜色和花纹可分成白玉、青玉、黄玉、碧玉、墨玉、糖玉和花玉等几大类,还有许多位于上述品种之间的过渡类型。

1. 白玉

颜色为白色的和田玉,是和田玉中的高档玉石,块度一般不大。羊脂白玉是白玉中的上品。其质地细腻,白如截脂,特别滋蕴光润,给人以刚中见柔的感觉。至今为止,这种玉料全世界主要产于新疆。此外,还有以白色为基调的葱白、粉青和灰白等色的青白玉,这类玉较常见。有的白玉子由于氧化,表面带颜色,俗称"皮色",若带秋梨色叫"秋梨子",虎皮色叫"虎皮子",枣红色叫"枣崐皮子",这些都是和田玉的珍品。

2. 青玉

青玉颜色从淡青到深青,与白玉相比,只有颜色的差别,与白色相近的称青白玉。近年来市场见有翠青玉新品种,主要见于青海和田玉中,呈淡绿色,色嫩,质地细腻,深受鉴赏者和消费者喜爱。

3. 青白玉

青白玉是指介于白玉与青玉之间,是似白非白、似青非青的过渡种类。其上限与白玉靠近,下限与青玉相似,是和田玉中数量较多的种类。

4. 黄玉

黄玉由淡黄—深黄色,有的质量极佳,黄正而娇,润如脂,为玉中珍品。古人以"黄侔蒸梨"者最好。黄玉极难得,其价不次于羊脂玉。中国古代还有以黄玉为尊的说法,如明代高濂在《遵生八笺》中提到:"玉以甘黄为上,羊脂次之"。

5. 墨玉

墨玉是颜色为黑色的和田玉。有的整块玉料上墨色不均,黑白对比强烈,可作俏色作品。有玉料为全墨色,即"黑如纯漆",十分罕见,乃玉中上品。

6. 糖玉

糖玉因色似红糖而得名。关于糖玉的成因众说纷纭,有说是原生的,也有说是次生的。一般而言,它是受某种物质浸染而形成褐红色。糖玉的内部主体部分(俗称肉)主要是白玉或青玉。糖与肉间往往呈过渡关系。

7. 碧玉

碧玉是颜色为绿色的和田玉。颜色有绿、深绿、暗绿、鹦哥绿、葱绿、菠菜绿等。油脂—蜡状光泽。近年来,由于翡翠资源越来越少,价格越来越高,在此背景下,颜色纯正的碧玉越来越得到市场认可,价格也越来越高。

8. 花玉

花玉是指在一块玉石上具有多种颜色,且分布得当,构成具有一定形态的"花纹"的玉石,如"虎皮玉""花斑玉"等。

7.3.3 产地分类

由于和田玉产地较多,不同产地因矿床成因和成矿条件不同,和田玉的质量存在明显差别,因此,市场上已经实际存在按产地进行分类或划分品种的现象。

1. 新疆和田玉

新疆和田玉主要分布于塔里木盆地之南的昆仑山深处,西起喀什库尔干县之东的安大力塔格及阿拉孜山,中经和田地区南部的桑株塔格、铁克里克塔格、柳什塔格,东至且末县南阿尔金山北翼的肃拉穆宁塔格。在此范围内海拔 3 500～5 000m 或海拔更高的高山上分布众多的和田玉原生矿床和矿点,而在相关河流中还产和田玉仔料,主要河流是喀拉喀什河、玉龙喀什河。居住在这两条河两岸的居民祖祖辈辈在河谷地带挖玉采玉。此外,在天山北麓的玛纳斯县境内产碧玉。时至今日,新的和田玉矿点还在不断发现。

新疆和田玉主要矿物成分为透闪石,含微量阳起石、透辉石、蛇纹石、绿泥石和黝帘石等。原生矿体产于中酸性侵入体与前寒武纪变质岩系含镁碳酸盐岩石的接触带及其附近,沿层面、构造破碎带和接触带分布。矿体主要呈团块状、囊状和透镜状等,质量好的产于大理岩中,以白玉、青白玉、青玉和墨玉为主;次生矿物主要以水蚀卵石形式产于河床砾石中,质地细腻,质量上乘,举世无双。

新疆和田玉不但历史悠久,颜色丰富,品种齐全,山料、仔料、山流水和戈壁料均有,质量最好,是和田玉中的极品。也是最早将新疆和内地联系起来的桥梁和纽带。最早奔波于"丝绸之路"上的驼队,驮着的不是丝绸,而是和田玉,因此,"丝绸之路"的前身是"玉石之路"。

2. 青海和田玉

20 世纪 90 年代初,经牧民报告,在青海格尔木昆仑山三岔口附近发现了一个新的和田玉矿床,并随之得到开发利用。青海和田玉虽地处高寒偏远山区,海拔较高,但相对高差不大,开采条件较为容易,因此,年开采量曾达到数千吨。青海和田玉的发现和开发利用对整个玉雕业的可持续发展起到了积极的推动作用。

青海和田玉色彩丰富,除白色系列外,还有青、绿、黄、紫色等。在透明度上,青海和田玉普遍比新疆和田玉高;在光泽上,青海和田玉缺乏新疆和田玉那种特有的油脂光泽。由于光泽和透明度的原因,使得青海和田玉总体上缺乏新疆和田玉特有的温润凝重感,并稍显轻飘。

3. 俄罗斯和田玉

俄罗斯和田玉产地较多,但目前国内市场上的俄罗斯和田玉主要来自俄罗斯布里亚特自治共和国首府乌兰乌德所属的达克西姆和巴格达林地区,邻近贝加尔湖。俄罗斯和田玉颜色丰富,有白、黄、褐、红、青、青白等色,而且往往多种颜色分布在同一块和田玉之上。从其断面看,颜色呈明显分带现象,从边缘到中心,颜色依次为褐色、棕黄色、黄色、青色、青白色、白色;矿物颗粒从边部到中心由粗变细。由于受构造运动的影响,铁氧化物常沿裂隙浸染,形成较有特色的棕色、褐色等,类似于新疆和田玉糖玉。研究表明,俄罗斯和田玉的矿物组成主要是透闪石,占95%以上,次要矿物有白云石、石英、磷灰石、绿帘石、滑石、磁铁矿等。

4. 辽宁和田玉

辽宁和田玉主要分布于辽宁省岫岩县细玉沟沟头的山顶上。在细玉沟东侧的白纱河河谷底部和两岸的以及阶地泥砂砾石中有河磨玉产出;在靠近原生矿的山麓或沟谷两侧的坡积物和洪积物中还有山流水玉产出。岫岩和田玉颜色多样,主要有白色、黄白色、绿色和黑色等基本色调,以及大量介于上述色调间的过渡色。

辽宁和田玉主要由透闪石组成,含少量的方解石、磷灰石、绿帘石、蛇纹石、绿泥石、滑石、石墨、黄铁矿、磁铁矿、褐铁矿等杂质矿物。辽宁和田玉主要有长柱状变晶结构和纤维状变晶结构等,结构比新疆和田玉粗,因此,其细腻程度和润泽程度远不及新疆和田玉。河磨玉雕件是辽宁和田玉最大的特色,特征的皮壳与基于本色精心雕刻的良好搭配,使其作品具有较高的艺术价值,广受国内外消费者欢迎。

5. 台湾和田玉

台湾和田玉分布于台湾省花莲县丰田地区的和田玉成矿带内,主要矿物成分为透闪石(含铁阳起石分子成分),同时含少量蛇纹石、钙铝榴石、铬尖晶石、黄铜矿等杂质矿物。颜色以黄绿色为主,纤维变晶交织结构,块状构造。台湾和田玉一般分为普通软玉、猫眼玉和腊光玉三种,其中猫眼玉又有蜜黄、淡绿、黑色和黑绿等品种。普通软玉最多,猫眼玉和腊玉较少,并以猫眼玉最受人喜爱和青睐。

除上述产地的和田玉品种外,国内还有产于江苏溧阳市平桥乡小梅岭的和田玉、产于四川省汶川县龙溪乡的和田玉等,产于贵州罗甸县的和田玉,产于广西大化的和田玉等;国外有韩国和田玉、澳大利亚和田玉、加拿大和田玉、美国和田玉、新西兰和田玉等。由于迄今为止,这些产地的和田玉市场占有率并不很高,因此,不一一作详细介绍。

7.4 真假鉴别

鉴别和田玉,虽然可利用现代各类先进的科学技术方法与手段,然而对于和田玉艺术品,特别是珍贵的古玉文物,不但要求作无损伤检测,而且许多价值连城的文物不方便送到实验室检测。这些客观现实为和田玉的鉴定带来了困难。因此,在利用现代化技术手段检测的同时,还得借助中国传统的鉴别方法与经验。现代科学的鉴定方法尤如西医,中国传统的鉴别方法尤如中医。只有将两者密切结合起来,才能形成鉴别和田玉较为科学而且适用的方法。

从目前市场的情况看,和田玉的鉴别应包括下列两方面内容:一是与仿冒品的区别,这是主要的;二是产地鉴别。虽然世界各地均产和田玉,但以中国新疆产的和田玉质地最佳,市场价值较高,其次是俄罗斯和田玉、青海和田玉等,但目前普遍存在用质量较差产地和田玉来仿冒新疆和田玉的实际情况,因此,要设法将不同产地的和田玉鉴别出来。

7.4.1 仿冒品的鉴别

在和田玉鉴别中,最为重要的是和田玉与其他相似玉石以及人造仿制品的区别。在各种玉石中,与和田玉相似的玉石较多,主要有翡翠、独山玉、岫玉、葡萄石、水钙铝榴石、石英岩玉、大理石和玛瑙等。但是,和田玉与这些玉石在物理化学性质上存在着较大的差别,若能借助于分析测试仪器得到它们的物理化学性质,如矿物成分、密度、折射率等,则很容易解决和田玉与相似玉石的鉴别问题。若测试物理化学性质存在困难,借助于扎实的宝石学专业理论知识和丰富的经验,也可将它们区别开来。

1. 和田玉与石英岩玉

石英岩颗粒细小,质地细腻,微透明,其质量好者抛光后洁白如羊脂玉,黄色者如黄玉,如前几年被疯炒的云南黄龙玉,其外观就很像黄玉。因此,石英岩玉常被不法商贩用来冒充高档的和田白玉、羊脂玉或黄玉。但可以从以下几个方面来区分石英岩玉与和田玉:一是结构,石英岩是粒状变晶结构,当粒度较粗时,肉眼可辨。断口常为不平坦状,放大单个颗粒,可见贝壳状断口,而和田玉的断口为参差状,二者有细微的差别;二是密度,和田白玉的密度在 2.90g/cm^3 以上,而石英岩的密度为 2.60g/cm^3 左右,比和田玉低。同样大小的雕件用手掂时,石英岩玉的手感较轻,和田玉较重;三是光泽,石英岩抛光面为玻璃光泽,不同于和田玉的油脂光泽,二者有本质的区别,前者明亮,后者柔和;四是看内含物,许多石英岩玉(如东陵玉等)在阳光下观察时,会看到星星点点的类似于云母的发光物,而和田玉没有。

2. 和田玉与玉髓

玉髓与石英岩玉一样，都以二氧化硅为主要成分。绿色和白色玉髓与绿色和白色和田玉的外观较为相似。在肉眼鉴别中，两者的区别在于：其一，和田玉常为油脂光泽，玉髓常为玻璃光泽；其二，和田玉透明度远低于玉髓；其三，和田玉的密度大于玉髓，因此用手掂时，和田玉较重，玉髓较轻。

3. 和田玉与蛇纹石玉

蛇纹石玉又称岫玉，质地细腻，以不同色调的绿色为主，黄色也较常见，主要用来冒充和田玉中的青白玉、青玉和黄玉。蛇纹石玉抛光面呈蜡状光泽，与和田玉的油脂光泽相比，前者干涩，后者油腻。透明度一般比和田玉好，手掂重感觉较和田玉稍轻，敲击时声音不似和田玉清脆，显得沉闷黯哑。硬度比和田玉低，在 2.5～4 之间变化，大多硬度在 4 以下，可被小刀刻划，仅有少数蛇纹石玉硬度大于 5，可以划动玻璃。蛇纹石玉给人的总体感觉有种塑料的质感，显得飘而不扎实，不似和田玉那般深沉厚重。

4. 和田玉与大理石玉

仿和田玉的大理石玉称"汉白玉""巴玉""阿富汗玉"等。其玉质非常细腻均匀，也是常用来冒充和田白玉的材料之一。大理石玉与和田白玉的区别在于：一是结构，大理石玉是粒状结构，质地粗时可见其颗粒状小晶体，质地细时，为缟状结构，透明度较高，看上去很水，所制玉器过于完美，不真实；二是密度，大理石玉密度为 $2.70g/cm^3$，小于和田白玉，用手掂重感觉稍轻；三是硬度，大理石玉的摩氏硬度较低，摩氏硬度通常在 3～3.5 左右，用小刀片很容易刻划出条痕或粉末，而和田玉的硬度通常在 6.0～6.9 之间，用小刀刻划不会留下痕迹；四看光泽，大理石玉抛光面呈玻璃光泽，没有和田玉的那种滋润感；五是大理石玉遇到稀盐酸就会发生剧烈反应起泡，而和田玉无此现象。可将酸点在玉器的底部或不显眼处，观察是否起泡，若起泡便是大理岩。

5. 和田玉与玻璃

仿和田玉的玻璃常常是白色玻璃，在玉器市场及旧货市场上都较为常见。肉眼鉴别特征是仿玉玻璃往往是乳白色，半透明至不透明，常含有大小不等的气泡。由于硬度较低，因此，玻璃更易被磨损，手掂也较轻。

6. 和田玉与西峡玉

西峡玉是 20 纪 60 年代才发现的玉种，产地在河南省西峡县。它的主要矿物成分是蛇纹石，含量在 80% 以上，次要矿物成分有透闪石、阳起石等。西峡玉质地细腻，半透明或微透明，玉质紧密坚韧，块度大，绺裂少，多为玻璃或油脂光泽。其表面还有石皮,颜色多为黄色、红色、褐色等。外观与和田玉较为相像,市场上常常以仿冒和田玉的身份出现。鉴别西峡玉与和田玉:可以通过放大镜观察玉的表面,西峡玉表面有细小凹陷的小点,而和田玉表面则有凹陷也有凸起。仔细观察西峡玉内部,可见块状、团状棉絮结构,而和田玉内部则有云片状、云雾状结构的石花。西峡玉虽然白度够,但白而不润,不及和田玉温润。此外,西峡玉的透光性比较差,光泽沉闷。西峡玉的硬度也不如和田玉,用西峡玉能划动玻璃,但同时会留下痕迹,而和田玉则不会留下痕迹。

7.4.2 产地鉴别

不同产地的和田玉,由于其成因和形成条件存在差异,应该存在一定的差别。第一,质地:新疆和田玉质地细密,玉肉如凝脂,糯性十足,且光泽油润,纤维交织结构;俄罗斯和田玉则较梗,质地粗糙;青海和田玉则较为缜密,质地比俄料要紧凑,但仍不如新疆和田玉。第二,摩氏硬度:新疆和田玉的摩氏硬度较大,韧性好;俄罗斯和田玉和青海和田玉则摩氏硬度稍低,韧性不足。因此,新疆和田玉更适宜雕琢,可以采用复杂的雕艺,而不用担心起毛、崩口等情况。第三,颜色:以白玉来说,新疆白玉颜色白中常常带有淡淡的青色,纯粹从颜色白度评价并无优势,但颜色非常温润,光泽柔和,十分悦目;青海白玉颜色则偏灰偏暗;俄罗斯白玉颜色非常纯净,白度高,但缺乏温润感,多为干白、死白。第四,透明度:新疆和田玉透明度在半透明至不透明之间,多为微透明,透明度不高,玉料因此显得浑厚质朴;青海和田玉透明度较高,但透明度高使之厚重感不够而略显轻飘;俄罗斯和田玉的透明度亦要高于新疆料。

上述差别必须具有相当经验的人才能看出来。但研究发现,不同产地和田玉的微量成分间存在较大差异(周征宇,2006),只要通过分析测试获得相关数据,就可能对和田玉的产地作出准确鉴别。

7.5 质量评价

对和田玉的质量评价历来人们就很重视,黄镒中的《辨玉五要素》:上品美玉,讲求五个到位,一白度(色泽),羊脂白玉为纯白或奶白色,微青或微黄次之,偏红为下品;青白玉、青玉色泽宜清宜淡;黄玉、黑玉以色泽纯正为最佳;二亮度,以有流动感水光为最佳,油光其次,蜡光更次之,亚光最差;三匀度,上好美玉呈半透明,薄雾絮状质地,玉质均匀,无明显杂质,藕粉状、烟雾状质地其次,颗粒状质地及伴较多"玉花"的更次之,石性较重透度极差的为下品;四密度,质地细腻的美玉和优质老坑玉密度大,有明显沉手感,反之手感略飘;五硬度,上等和田玉的硬度稍低于紫砂壶,用玉边角在细砂紫壶上刻划,以不留白痕或仅留极淡细痕为佳,玉质粗糙或质地一般的新坑玉粉痕较粗较浓。

现代的和田玉评价主要从颜色、质地、透明度、光泽、净度、重量或体积、加工质量等方面进行考虑。

1. 颜色

颜色是影响和田玉质量最重要的因素,在各类颜色中以白玉中的羊脂白为最珍贵,到目前为止,能达到羊脂白的仅见于新疆和田地区的仔料中。其他产地的和田玉尚未见达到羊脂白者。除羊脂外,纯正的黄色、绿色、黑色也为上品。《夷门广牍》中写道:"于阗玉有五色,白玉其色如酥者最贵,冷色、油色及重花者皆次之;黄色如栗者为贵,谓之甘黄玉,其价值与羊脂玉一般,焦黄色次之;碧玉其色青如蓝靛者为贵,或有细墨星者,色淡者次之;墨玉其色如漆,又谓之墨玉;赤玉如鸡冠,人间少见;绿玉系绿色,中有饭糁者尤佳;甘清玉色淡青而带黄;菜玉非青非绿如菜叶色最低"。这些色彩与中国古代《五行》学说中的青赤黄白黑相符合,使和田玉更显神秘和珍贵。

对和田玉颜色评价,中国古代还有以黄玉为尊的说法,如明代高濂在《遵生八笺》中提到:"玉以甘黄为上,羊脂次之"。近年来,优质黄玉很受追捧,价格已与羊脂玉不相上下。

2. 质地

质地也是影响和田玉质量的重要因素,其他评价要素也与此相关。上好的质地要求其组成矿物透闪石具细小的纤维状、毛毡状结构,且排列应有一定规律,只有这种才能有良好的效果。在这种前提下,和田玉中透明的细晶透闪石由于本身较高的双折射率,引起晶体界面的晶间折射和反射,有序规则排列的透闪石纤维状和毛毡状晶体将对入射光产生漫反射作用,致使和田玉形成一种有一定透明度的特有的油脂光泽。清代陈性著《玉记》曰:"和田玉'玉体如凝脂,精光内蕴,质厚温润,脉理坚密,声音宏亮'"。上好白玉,目视之软软的,手抚之温润的,试质地是坚硬的。这里,"温润"的"温"指玉对冷热所表现的惰性,冬天摸之不冰手,夏天摸之不感热。还有一层意思,即色感悦目;"润"指玉的油润度,玉液可滴。和田玉中组成晶体虽细小,若用放大镜或显微镜观玉雕成品抛光面,其中的毡状结构还是能见到的,好像微透明的底子上均匀分布着不透明的花朵。

3. 透明度

透明度对和田玉质量的影响也很大。实践证明,当和田玉透明度很差时,显得地干不滋润,当透明度较高时,同样缺乏优质和田玉的油脂光泽,并同时失去和田玉的凝重感。因此,只有透明度适中,和田玉才会有较高的质量。

4.光泽

"润泽以温"是和田玉质量好坏的重要体现。因此,好的和田玉要求具有好的油脂光泽,油脂光泽的程度不好,其价值将明显下降。

5.净度

与其他玉石一样,质量上乘的和田玉也要求无瑕疵、无裂纹。瑕疵包括石花、石筋、石钉、黑点等。但十全十美、绝对无瑕的和田玉极少,具体评价时,要依据被评价对象在瑕疵、裂纹等方面的实际情况而定。一般而言,净度越高,价值也越高。

6.重量或体积

和田玉制品受重量或体积的影响相对较小。但在颜色、质地、透明度、加工工艺相同或相近的情况下,重量或尺寸越大,价值越高。

7.工艺质量

和田玉主要用来制作玉雕工艺品,工艺质量较为重要。行内所谓"三分料七分工"就表达了这一层意思。和田玉制作者要善于利用巧色,并施以巧妙构思、娴熟的技艺以提高和田玉制品的价值。具体来讲,主要有几点:所选题材应与原料融为一体,充分利用原料每一个特点,极大限度地将和田玉的美表现出来;玉雕饰品的图案、线条及比例是否和谐、统一,特别是人物、花卉等图案是否符合题材的表达要求;雕刻是否简洁有力或圆润,线条是否大方、清晰、流畅和富有表现力;抛光是否精细等。

8.产出方式和产地

目前市场上销售的和田玉从产出方式来讲,有山料、仔料、山流水和戈壁料之分。一般而言,以仔料质量最佳,其次依次是山流水、戈壁料和山料。和田玉产地较多,而且会越来越多,一般而言,以新疆和田玉最为贵重,俄罗斯和田玉、青海和田玉次之,其他产地和田玉价值依据具体情况而定。

第八章 玉石之王——翡翠

8.1 历史与传说

翡翠的英文名称为 Jadeite,源于西班牙语 pridre de yiade,其意思是指佩戴在腰部的宝石,因为在 16 世纪,西班牙人认为翡翠能够治疗腰痛。1863 年,法国地质学家德穆尔(A. Damovr)首次对八国联军从中国圆明园掠夺至欧洲的翡翠艺术品进行了矿物学研究,他认为翡翠是辉石类中的钠铝硅酸盐新种矿物,命其名为 jadeite,汉译名为硬玉,由此,它作为辉石类中的新矿物种名称被国际矿物协会承认。然而,根据近代科学分析,翡翠并非硬玉,而是以硬玉矿物为主,并伴有角闪石、钠长石、透辉石、磁铁矿和绿泥石等的矿物集合体,还含有一种以前认为只有在月球上才能形成的钠(陨)铬辉石。不同质量的翡翠,其矿物含量存在差别。翡翠与非翡翠间的硬玉含量界定,各家说法不一,目前还是一个有待于解决的问题。但不管将来的含量界定结果如何,可以肯定的是,翡翠不等于硬玉,硬玉是一种矿物学概念,翡翠应该是一种岩石学概念。另外,基于所含的主要矿物成分不同,翡翠可有不同的品种,如以硬玉为主的翡翠、以绿辉石为主的翡翠、以钠铬辉石为主的翡翠、闪石化翡翠等。

翡翠中文意为翡红翠绿,源自于翡翠鸟名。在中国古代,翡翠是一种生活在南方的鸟,其毛色十分好看,通常有蓝、绿、红、棕等颜色。但一般这种鸟雄的羽毛为红色,谓之"翡",雌的羽毛为绿色,谓之"翠"。唐代著名诗人陈子昂在《感遇》一诗中写道:"翡翠,巢南海,雌雄珠树丛,……,旖旎光首饰,葳蕤烂锦衾"。到了清代,翡翠鸟的羽毛作为饰品进入宫廷,尤其是绿色的翠羽深受皇宫贵妃喜爱。她们将其插在头上作为发饰,用羽毛贴镶拼嵌作首饰,故其制成的首饰名称都带有翠字,如钿翠、珠翠等。与此同时,大量的缅甸玉通过进贡进入皇宫深院,为贵妃们所宠爱。由于其颜色也多为绿色、红色,且与翡翠鸟的羽毛色很相似,故人们称这些来自缅甸的玉为翡翠,渐渐地这一名称也就在中国民间流传开了。由此,翡翠这一名称也由鸟名转为玉石的名称了。

关于翡翠矿产的发现,据《缅甸史》记载,公元 1215 年,勐拱人珊尤帕受封为土司。传说他渡勐拱河时,无意中在沙滩上发现了一块形状像鼓一样的玉石,惊喜之余,认为是个好兆头,于是决定在附近修筑城池,并起名为勐拱,意指鼓城。这块玉石就作为珍宝为历代土司保存,这里就成了后来翡翠的开采之地。

翡翠发现的另一传说起源于云南。据英国人伯琅氏所著书称,翡翠实为云南一马夫在13世纪发现的。据说云南商贩沿着西南丝绸之路与缅甸、天竺等国的商人进行交易。一次有一位云南的马夫为平衡马驮两边的重量,在返回云南腾冲(或保山)途中,在今缅甸勐拱地区随手拾起路边的一块石头放在马驮上。回来后卸下马驮时一看,途中捡得的石头原来是翠绿色,非常好看,似乎可作玉石,经初步打磨,果然碧绿可人。其后,马夫又多次到产石头的地方捡回石头到腾冲加工。此事得以广为传播,吸引了更多的云南人去找这种石头,然后加工成成品出售,这种石头就是后来的翡翠。

据尹子章和尹子鉴合著的《芸草合编》载:"缅甸玉石于1443年为当地土人从被冲刷的河床发现的。"据《云南北界勘查记》,缅甸翡翠产地是雾露河沿岸产玉区内的老厂,是从明朝嘉靖年间开始开采。明朝末年,云南腾冲的玉石业已颇有规模。著名文人徐霞客到过腾冲,目睹了腾冲的玉石业,玉石商潘生还送两个玉石给他,徐霞客称之为翠生玉。据《滇海虞衡志》记述:"玉出南金沙江,昔为腾越所属,距州二千余里,中多玉。夷人采之,撇出江岸各成堆。粗矿外护,大小如鹅卵石状,不知其中有玉并玉之美恶与否。估客随意买之,运至大理及滇省,背有作玉坊。解之见翡翠,平地暴富矣。"马罗刚等(1999)根据对腾冲出土文物的考证,元代以前腾冲墓葬中并无翡翠,明朝以来才有翡翠传入中国。英国历史学家李约瑟在《中国科学技术史》一书中认为,翡翠是18世纪以后才从缅甸经云南传入中国的。

翡翠现虽主要产于缅甸,但翡翠产地历史上曾属中国版图。据《腾越州志》记载:"前明尽大金沙江内外,三宣、六慰皆受朝命。而腾越且兼夏鸠、蛮莫、勐拱、勐养而有之"。

又据《滇海虞衡志》记载:"玉出南金沙江,昔为腾越所属"。清代英国人侵缅甸,特别是1885年发动战争,俘获缅玉锡保,宣布将上缅甸并入英属印度。中英签订了《缅甸条款》,清政府被迫承认英国占领缅甸的事实。勐拱、帕敢、密支那等地历史上从元、明到清中期归属我国的翡翠矿产地被英国恃强划归缅甸。因此,开发利用翡翠以及形成翡翠文化可以说主要源自中国。现地处中缅边境的腾冲在翡翠文化形成和发展中起了十分关键的作用。

8.2 基本性质

8.2.1 化学性质

翡翠主要组成矿物硬玉(钠铝辉石)的化学分子式为 $NaAl[SiO_3]_2$,阳离子 Na^+、Al^{3+} 常被 Cr^{3+}、Fe^{2+}、Fe^{3+}、Ti^{4+}、V^{5+}、Mn^{2+}、Mg^{2+} 等过渡离子不等量类质同像置换。因此造成翡翠的颜色多种多样,千变万化,其规律让人难以把握。白色翡翠中硬玉的化学成分接近于理想化学式,其各种化学元素的含量为 Na_2O:15.4%,Al_2O_3:25.2%,SiO_2:59.4%。但是天然产出的硬玉常常含有多种杂质元素或固溶体成分,含量较高的常见的杂质元素是 Ca、Mg、Fe 和 Cr 等,其中杂质元素 Cr 的作用巨大,它不仅影响翡翠绿色的色调和浓度,同时还会影响透明度,是决定翡翠价值的关键性因素。

8.2.2 结晶学性质

翡翠的主要组成矿物是硬玉,属于辉石族、单斜辉石亚族的矿物,单斜晶系,晶体通常呈短柱状、柱状、纤维状和不规则粒状形态,有平行 c 轴的两组完全解理,两解理的夹角为 87°。翡翠原生矿主要呈块状,次生矿主要呈砾石状。

8.2.3 物理性质

1. 力学性质

(1) 解理:翡翠的主要矿物硬玉具两组完全解理,在翡翠表面上表现为星点状闪光(也称翠性)的现象就是光从硬玉解理面上反射的结果,这也成为翡翠与相似玉石相区别的重要特征。

(2) 硬度:摩氏硬度为 6.5~7.0。

(3) 密度:3.30~3.36 g/cm^3,翡翠密度随所含的 Cr、Fe 等而有所变化。宝石级翡翠的密度一般为 3.34 g/cm^3。

2. 光学性质

(1) 颜色:变化大,白、绿、红、紫红、紫、橙、黄、褐、黑等。其中最名贵者为绿色(或称翠),其次是紫蓝(或称紫罗蓝)和红色(或称翡)等。

(2) 透明度:翡翠的透明度称"水"或"水头",决定于组成翡翠矿物的颗粒大小、排列方式等。翡翠一般为半透明—不透明,极少数达到透明。透明度越高,水头越足,价值越高。

(3)光泽:翡翠一般为玻璃光泽,也显油脂光泽,光泽在某种程度上也取决于组成翡翠矿物的颗粒大小、排列方式等,另外还取决于抛光程度。

(4)折射率:翡翠的折射率为 1.666～1.680,点测法为 1.65～1.67,一般为 1.66。

(5)光性特征:由于翡翠主要由单斜晶系的硬玉矿物组成,因此翡翠为非均质集合体。

(6)吸收光谱:绿色翡翠主要由铬致色,因而显典型的铬光谱,表现为在红区(690nm、660nm、630nm)具吸收线。所有的翡翠因为含铁,因而在 437nm 处有一诊断性吸收线。

(7)发光性:天然翡翠绝大多数无荧光,少数绿色翡翠有弱的绿色荧光。白色翡翠中若有长石经高岭石化后可显弱的蓝色荧光,白色及浅紫色翡翠在长波紫外光中可显暗淡的浅黄-黄色荧光。

8.2.4 结构构造

1. 结构

翡翠的结构是指组成翡翠的矿物结晶程度、颗粒大小、晶体形态及它们之间相互关系的特征。翡翠的结构类型较多,按颗粒大小可分为显微变晶结构(＜0.01mm)、微粒变晶结构(0.01～0.1mm)、细粒变晶结构(0.1～1mm)、中粒变晶结构(1～2mm)、粗粒变晶结构(＞2mm);按变晶的相对大小可分为等粒变晶结构、斑状变晶结构、不等粒变晶结构;按变晶的形态可分为粒状变晶结构、柱状变晶结构、纤维状变晶结构、束状变晶结构、放射状变晶结构;按交代变质作用关系可分为净边结构、镶边结构、残余结构;按动力变质作用程度可分为碎裂结构、粗糜棱结构、糜棱结构、超糜棱结构等。

结构对于翡翠的意义十分重大,它不仅决定着翡翠的质地、透明度和光泽等,而且,翡翠的准确鉴定在许多情况下需要借助于对其结构的深入研究。

2. 构造

翡翠的构造是矿物集合体之间或集合体和翡翠其他组成部分之间的排列方式以及填充方式。翡翠常见的构造类型有块状构造、砾状构造、卵状构造、脉状构造、条带状构造、片理化构造、角砾状构造等。翡翠山料常见块状构造,仔料呈卵状构造,翡翠的绿色多呈脉状形式出现,在少量的翡翠原石中发现有绿色、白色和黑色相间的条带状构造。

8.3 真假鉴别

翡翠的鉴别包括原石的鉴定、成品的鉴别等内容,涉及与相似宝玉石的区别、处理翡翠的鉴别和合成翡翠的鉴别等问题,在各类珠宝鉴定中,翡翠的鉴别是比较困难的。

8.3.1 原石的鉴别

1. 习性与产出状态

由于产出的地质条件不同,山料、山流水和仔料三种原料的外形特征存在较大的差别。一般而言,山料因是直接从原生矿中采出的,一般呈块状,原石表面新鲜,无风化形成的皮壳,棱角清楚,质地一般较差(图8-1)。仔料一般是水蚀卵石,磨圆比较好,有长期风化形成的皮壳,质量较好(图8-2)。山流水的特征介于上述两者之间。

图8-1 翡翠山料

图8-2 翡翠仔料

2. 矿物成分

翡翠主要是以硬玉矿物为主的集合体。硬玉属单斜晶系,晶形呈柱状。此外,翡翠也可含其他矿物,如钠铬辉石,有时含量可达60%~90%,这时称钠铬辉石翡翠;含透闪石和阳起石,它们是由硬玉矿物热液蚀变而来,当以这些矿物为主时,称闪石化翡翠;当钠长石含量较高时,称钠长石翡翠。真正的翡翠是以硬玉矿物为主要成分的翡翠。

3. 结构

翡翠常为粒状交织结构、纤维交织结构、毛毡状结构和交代结构等。质量好的翡翠主要是纤维交织结构和毛毡状结构。

4. 翠性

由于组成翡翠的硬玉矿物具两组完全的解理,光从解理面上反射,将产生类似珍珠光泽的闪光,俗称翠性,它是鉴别翡翠原石重要的依据。

5. 密度

翡翠的密度约为 $3.34g/cm^3$,这一特征极其重要,它可为区别各种作假仿制品、赝品等提供重要依据。即在鉴别翡翠原料时,当密度与 $3.34g/cm^3$ 存在差别时,则需要通过成分等对鉴别对象的真假作出进一步鉴别。

6. 翡翠的皮壳特征

翡翠仔料和山流水具有皮壳,而且在翡翠原石交易过程中,一般主要根据皮的情况来判别内部质量。但市场上存在伪造皮和染色皮的情况,应引起鉴赏者和消费者重视。

伪造皮是在无皮或粗砂皮石料上由人工贴皮而制成外表皮,一般是制作细砂皮。鉴别的特征是:皮的粗细、颜色一般十分均匀,表面光洁,无裂缝。另外轻轻敲打,会有掉皮的现象发生,用水煮则更能暴露其本来面目。

染色皮是用仔料带皮染色而形成,和天然者区别不大,但皮下却产生一层伪装的鲜艳绿色,欺骗性较大。鉴别的办法是,观察皮下的颜色,若各处的颜色一致,就应产生怀疑,再需经进一步放大观察,以找出染色皮的确凿证据。

8.3.2 成品的鉴别

1. 与相似宝玉石的鉴别

与翡翠相似的宝玉石较多,典型的有和田玉、蛇纹石玉、石英质玉、石榴子石玉、长石质玉、独山玉、碳酸盐质玉和玻璃等,它们的特征见表 8-1。

由于上述仿制品与翡翠的物理性质以及镜下特征存在明显差别,因此,鉴别相对较容易。

2. 处理翡翠的鉴别

由于优质天然翡翠十分稀有,价值昂贵,因此,市场上存在大量通过各种方法优化处理的翡翠。目前常见用于优化处理翡翠的方法有:染色(炝色)、漂白、酸处理、充填、加热、浸油浸蜡等,最主要的处理品种是 B 货、C 货和 B+C 货。以下分别作简要介绍。

(1) A 货、B 货、C 货和 B+C 货翡翠的概念。

A 货翡翠:是指除机械加工外,没有经过任何其他物理、化学处理,颜色、结构均保持天然,同时无外来物质加入的翡翠。

表 8-1 翡翠与相似宝石的鉴别特征

宝玉石名称	主要组成矿物	硬度	密度(g/cm³)	折射率	结构及外观特征
翡翠	硬玉	6.5～7.0	3.30～3.36	1.66	纤维交织结构、粒状纤维交织结构,有翠性
和田玉	透闪石	6.0～6.5	2.90～3.10	1.62	细小纤维交织结构,质地细腻,无翠性
独山玉	斜长石	5.0～6.5	2.73～3.18	1.56～1.70	粒状结构,且色杂不均
青海翠	钙铝榴石	7.0～7.5	3.57～3.73	1.74	颜色不均,具粒状结构
特萨沃石	水钙铝榴石	6.5～7.0	3.15～3.55	1.72	颜色均一,有较多的黑色斑点,粒状结构
绿葡萄石	葡萄石	6.0～6.6	2.80～2.95	1.63	具放射状纤维结构,细粒状结构
加州玉	符山石	6.5～7.0	3.25～3.50	1.72	颜色均一,具放射状纤维结构
亚马逊玉	天河石	6.0～6.5	2.54～2.57	1.53～1.55	颜色均一,具细粒状结构
密玉	石英	6.5～7.0	2.60～2.65	1.54	粒状结构
澳玉	石英	6.5～7.0	2.60～2.65	1.54	隐晶质结构
东陵玉	石英	6.5～7.0	2.60～2.65	1.54	粒状结构
马玉	染色石英岩	6.5～7.0	2.60～2.65	1.54	粒状结构
岫玉	蛇纹石	2.5～5.5	2.44～2.80	1.55	颜色均一,细纤维状-叶片状结构
不倒翁	硬钠玉	6.5～7.0	2.46～3.15	1.52～1.54	细粒状结构、纤维状结构
玻璃	二氧化硅	4.5～5.0	2.40～2.50	1.50～1.52	非晶质
染色大理岩	方解石	3.0	2.70	1.49～1.66	粒状结构

B货翡翠:是指一些带有颜色,但质地差、不透明、富含杂质的翡翠用强酸处理,并溶出杂质后,再用树脂等物质充填而形成的翡翠,即漂白加充填处理的翡翠。

C货翡翠:是指其颜色为人工染色的翡翠,即染色(炝色)翡翠。

B+C货翡翠:是指既经强酸溶解、外来物充填,而颜色又是人工染色的翡翠。

(2)B货、C货及B+C货翡翠的鉴别。

B货翡翠的鉴别通常从下列几个方面进行:

①外部特征观察法：B货翡翠的结构有松散破碎之感，与天然翡翠结构不同；B货翡翠颜色娇艳，但颜色有扩散的痕迹，杂质少或无，光泽较弱。

②内部结构观察法：天然翡翠的结构是镶嵌、定向连续的结构。而B货翡翠由于经化学处理，对翡翠的结构产生巨大的破坏作用，表现为结构较松散，长柱状晶体被错开、折断，晶体定向排列遭受破坏，颗粒边界变得模糊等。另外如果为胶充填，胶体内可见气泡、龟裂和颜色扩散现象，胶也可能有老化现象。

③密度：B货翡翠的密度偏低，一般小于 $3.32g/cm^3$。

④声音：对于翡翠手镯，若吊起来用钢棒轻轻敲击，天然翡翠响如钟声，清脆有回音，B货翡翠声音混浊。

⑤荧光：某些充填胶在紫外线长、短波下均可发荧光，所以在荧光下可见有绿色、白色的情况，即荧光性不均匀。

⑥红外测试：红外测试一度被当作是鉴定B货翡翠最有效的方法，因为B货翡翠经红外测试时可见C和H的谱线，这是胶的谱线。但现在这种特征谱线并不能作为最可靠的证据，因为出现了无机充填的B货翡翠。有C、H谱线者可以说明其翡翠一定是B货，但无C、H谱线者并不能说明它不是B货翡翠。B货翡翠的检测需要用各种方法进行综合检测。

C货翡翠的颜色是由铬酸染色而成，在查尔斯滤色镜下往往呈红色，这是C货翡翠的特征之一。放大观察，颜色主要集中在裂隙或颗粒边界中。此外，无论用什么方法染成的绿色翡翠，在阳光下长期暴晒都会褪色。通过上述方法，较易将翡翠C货与A货区别开来。

B+C货翡翠需要把鉴别B货翡翠和C货翡翠的方法结合起来，才能达到正确鉴定的目的。

(3)其他方法处理翡翠的鉴别。

除了B货、C货和B+C货翡翠外，市场上还见有其他方法处理的翡翠产品。

①加热处理翡翠：是将黄色、棕色、褐色的翡翠通过加热处理而得到的红色翡翠。这种翡翠的颜色与天然红色翡翠一样耐久。由于它与天然红色翡翠的形成过程基本相同，所不同的是通过加热加速了褐铁矿失水的过程，使其在炉中转化成了赤铁矿。这种翡翠一般不鉴定，也不易鉴别。如果一定要求的话，其显著的不同是天然红色翡翠要透明一些，而加热处理的红色翡翠则会干一些。

②浸油浸蜡处理翡翠：浸油浸蜡处理较为普遍，有的为了保护翡翠，同时也用于掩盖裂纹，增加透明度，因而，对它的鉴别也应高度重视。浸油浸蜡处理翡翠的鉴别不难，因为通过该方法处理的翡翠一般都具有十分明显的外部特征，比较典型的是具有明显的油脂和蜡状光泽，同时也可能找到油迹或蜡迹。此外，也可通过一些专门的方法予以鉴别，如在盐酸中浸泡，油和蜡会被溶解，裂纹得以恢复；在酒精

灯上加热可使油和蜡出溶;用红外光谱可见明显的有机物吸收峰;浸油者可显黄色荧光,浸蜡者可显蓝白色荧光。

③漂白处理翡翠:这种翡翠的处理方法与B货相似,只是未作充填。因此,鉴别方法也与B货翡翠相似。但多数情况下漂白程度较轻,不易发现,只有在抛光的样品表面才留下极细的裂纹,因此鉴别较难,需要十分仔细才能找到线索。

3. 合成翡翠的鉴别

人工合成翡翠技术的研究始于20世纪60年代,但直至1984年12月,美国通用电器公司才首次成功人工合成翡翠。方法是用粉末状钠、铝和二氧化硅加热至2700℃高温熔融,然后将熔融体冷却,固结成一种玻璃状物体。再次将其磨碎,置于制造人造钻石的高压炉中加热,为了获得各种颜色可以加入一定致色元素。这种高压下加热结晶的产物就是合成翡翠。合成翡翠的成分、硬度和密度与天然翡翠基本一致。但合成翡翠颜色不正,透明度差,物质组成主要是晶体粗大,具有方向性的矿物和玻璃质,而且无翠性,较易将它与天然翡翠区别开来,而且合成翡翠至今在市场上较少见。

8.4 质量评价

8.4.1 原石的评价

实践证明,翡翠山料、仔料和山流水的划分在很大程度上反映了翡翠的质量。一般而言,山料由于是直接从原生矿中采出的石料,因而原石表面新鲜,无风化形成的皮壳,棱角清楚,质地一般较差。仔料一般是水蚀卵石、砾石,磨圆比较好,具有因长期风化而形成的皮壳,质量较好。山流水其特征介于上述两者之间。

具体进行翡翠原石质量评价时,山料的评价相对较容易,可直接观察其颜色、结构、透明度、净度等就能对其做出较可靠的判断。而仔料和山流水的评价较为困难,评价中主要依据皮壳的特点来推断内部的质量。

1. 皮与质地

(1)粗砂皮:皮呈土黄色、黄色、棕色、黄白色,一般皮厚质粗,可以看到矿物的粒状结构,行话中称之为土子、新坑。此种翡翠原料透明度一般差,硬度低,质地较差。

(2)细砂皮:皮呈红褐色、黑色和黑红色,有的像烟油,有的像栗子皮,有的像红枣皮,有的像树皮。这种皮表面光滑,皮薄,坚实,靠近皮的内层有一薄的红层。这种皮预示翡翠原料的内部质地细腻,透明度好,硬度高。

(3)砂皮：特征介于粗砂和细砂之间，这种皮的翡翠原料内部情况变化较大。

2. 皮与绿

翡翠的珍贵在于绿色，而翡翠原石的绿色常在外皮上有一定的隐现，如皮上有不明显的绿苔，则说明内有绿等。绿在外皮上的表现特征可分为绿硬、绿苔、绿眼、绿丝和绿软等。不同的外部表现反映其内部的绿具有不同特征。

(1)绿硬：又称突起，指的是由硬玉矿物构成的绿带在外皮上呈现稍有突出的绿脊或绿鼓。绿硬反映沿其深部地子坚硬，且可能存在浓艳的绿色，是较好的外部表现特征，行家说："宁买一线，不买一片"，指的就是最好选择有绿硬的原料。

(2)绿苔：又称苔纹，指的是绿色在外皮上呈暗色苔状花纹，具有该种特征的翡翠内部可能有绿。

(3)绿眼：指的是绿色在外皮上呈现漏斗形的凹坑，似眼球状，也指示内部可能有绿，但可能是团块状。

(4)绿丝：又称条纹，指的是绿色在外皮上呈带状或线状分布，反映内部有绿，但可能不太好。

(5)绿软：又称沟壑，指的是由透辉石、钙铁辉石或霓石等矿物构成的绿带，在外皮上呈凹下的沟或槽，这种特征反映内部绿较差。

3. 皮与绺

绺对翡翠的质量危害极大，即使有高绿，而且质地又好，但裂绺太多，也将会毫无价值，因此，通过观察皮的特征来判断翡翠内部绺的情况意义重大。

绺有大型绺和隐蔽绺之分，大型绺(如通天绺、夹皮绺和恶绺等)在外皮上表现较明显，易于认识。而一些与仔料融为一体的隐蔽绺就很难识别，危害较大，常见有下列几种绺的类型：

(1)台阶式：表现为在翡翠外皮上呈大小不同的台阶状，沿台阶的水平或竖直两个方向易出现绺。

(2)沟槽式：在翡翠外皮上呈深浅不同的沟槽状，沿沟槽方向易出现大小不同的绺。

(3)交错式：在翡翠的外皮上有两个坡面以不同角度相交时，在交叉处易出现绺。

4. 皮与门子

翡翠仔料交易时，一般在外皮上开一个或几个大小不等的天窗，用以向购买者显示其内部的颜色和质地，这种天窗叫门子。一般来讲，门子是原料交易商在经过认真研究确定后开的，向你展示的应该是原料最好的部位，在很多情况下，还故意制造假象引你上当。因此，确定外皮与门子的关系是十分重要的。根据过去市场

交易中出现过的情况,门子大约有下列几种:

（1）线状门子:在翡翠皮上沿绿的走向擦一条线槽或开长条状狭长的小窗,这种门子说明内部的绿分布极不均匀,非常局限,且绺较发育,狭长形的门子即为裂绺的方向。

（2）面状门子:在翡翠的皮下绿较多的地方或平行绿的走向,切下一小片,或将仔料的整个皮扒光。绿在仔料上呈面状分布,给人以满绿之感,其实绿可能仅薄薄的一层。

（3）多处开门子:为了在翡翠的外皮上找绿或显示其内部有绿,而在多个地方开门子。一般高档翡翠仔料常有多处开门子的现象,但有的可能是伪装,即实际上绿仅在表面几处出现,其内部根本无绿。

（4）假门子:即在翡翠的外皮上伪装的门子。制作方式有以下几种情况:

①镶门子:是用一片色质均好的翡翠仔料粘贴在一块色质均差的翡翠仔料切口上。

②高翠镶门子:其门子是高翠,但其外皮和内部均是假的,其内部可能用石英岩加铁或铅等材料制成,其外皮则用水泥制成。

③垫色门子:是用水头较好的无色或白色翡翠玉片,涂一层绿漆或染色后再粘在翡翠仔料切片上。

④灌色门子:是在仔料正面开一个门子,从后面钻 1~2 个洞,深度距门子 1.0cm 左右,向洞内灌绿漆或绿色涂料,待自然干燥后,封住洞口而成。

对于假门子,评价的关键是将其正确地鉴别出来。

8.4.2 成品的评价

翡翠成品的质量评价复杂而专业,需要经长期的实践才能所有心得。业内一般根据颜色、透明度、结构、净度、体积和工艺质量等方面进行。

1. 颜色

颜色是翡翠质量评价的关键。翡翠颜色千变万化,色调也各不相同,民间有 36 水、72 豆、108 蓝之说。但总的来说,其颜色不外是绿、红、黄、蓝、紫、白灰、黑和无色等。在各种颜色的翡翠中,以绿色为最佳,紫色和红色次之,其他颜色均较差。俗话说"家有万斤翡翠,贵在凝绿一方",表达的就是这层意思。按传统习惯,翡翠的颜色评价可归结为"正、阳、浓、和"四个字。

（1）正:指颜色的纯正程度,物理学上称为色相或主波长。优质翡翠的颜色要求艳绿而纯正,不能在翠绿中有蓝、黄、灰等杂色调,这些色调越浓,翡翠的颜色质量越低。

（2）阳:指颜色的鲜艳明亮程度或简称明度。明度是单一色谱的明暗状况。颜色明度高为色亮(明),明度低为色暗(阴)。颜色明度高低与翡翠的结构、透明度及厚薄状况等有关。明度评价的实质是翡翠绿得"阳"或是阴,即评判绿色明亮鲜灵,还是昏暗、凝滞。翡翠的阳,就是要翠得艳丽、明亮、大方,并发挥出鲜艳的光彩。

(3)浓:指颜色的饱和度,是色光波长的单一或混杂程度。颜色的饱和度高为色浓,饱和度低为色淡,色光波越单一。颜色的饱和度与所含致色离子种类、纯度密切相关,同时也较大程度受翡翠结构和透明度的影响。具体评价时,在保证透明度及其他条件的前提下,颜色越浓越好。

(4)和:指翡翠同一颜色的均匀程度。要求整件翡翠饰品的颜色越均匀越好。翡翠的颜色要均匀柔和,除了颜色的均匀分布外,还必须使其与质地和透明度相互协调。

2. 透明度

俗称水头,透明度高的称水头长,透明度低的称水头短。翡翠是多晶质矿物集合体,多数为半透明,甚至不透明,透明者十分罕见,很少像祖母绿单晶那样,显得晶莹通透。影响翡翠透明度的因素有:

(1)组成矿物的纯度和自身透明度:组成矿物越纯,自身的透明度越高,翡翠的透明度就越高。

(2)相邻矿物颗粒间的折射率差值的大小:差值越少,反射越少,透明度越高。

(3)组成矿物自身的双折射率值:双折射率越低,透明度越高。

(4)组成矿物晶体的大小、形状和排列方式:组成翡翠的矿物颗粒越小、形状和排列方式越规则,则透明度越高。

(5)翡翠的裂纹、颜色深浅等:裂纹越少,颜色越适中,透明度越好。

(6)翡翠的厚度:同一品种不同厚度的翡翠,其透明度存在明显差别,厚度越大,透明度越低。故一些颜色较好、透明度差的翡翠,可通过减薄厚度来弥补;反之,一些颜色较浅而透明度高的翡翠,可通过增加厚度来改善颜色。

3. 结构

结构俗称地或底。结构对翡翠质量的影响极大,它不仅直接影响翡翠的质地(或种质),而且在相当大程度上影响翡翠的颜色、透明度以及光泽的好坏。业内有"内行重底,外行得色"的说法,就是说明了结构的重要性这一层意思。翡翠的结构主要与组成矿物结晶颗粒的大小、形状、排列方式等密切相关。组成矿物越细,矿物呈纤维状定向排列的程度越高,翡翠的质量越高,因此,极细的纤维交织结构是高档翡翠的必备条件,具备这种结构的翡翠质地细腻、油润,极具美感,价值较高。若翡翠为粒状交织结构,且颗粒粗大、结构松散、排列无序,翡翠的质量将明显下降。翡翠组成矿物的颗粒大小与质量的关系见表8-2。

表 8-2 翡翠组成矿物颗粒大小与质量的关系

组成矿物的颗粒大小	特　征	质量
非常细	10倍放大镜下极难见	极佳
细微	10倍放大镜下少见	很佳
细	肉眼难见	尚佳
较粗	肉眼少见	稍次
粗	肉眼可见	很次
很粗	肉眼明显可见	极次

4. 净度

净度指翡翠内部包含的其他矿物包裹体(瑕疵)和裂纹的程度。与其他宝石一样，净度是翡翠质量评价的一大要素。

(1)瑕疵：翡翠的瑕疵主要有白色和黑色两种。黑色瑕疵，有的呈点状出现，称为黑点，也有成为丝状和带状的，称为黑丝和黑带，主要是一种黑色的矿物，以角闪石最多，黑点多半出现在较深色的翡翠中。白色瑕疵，主要呈粒状及块状，一般称"石花""水泡"等，主要是一些钠长石矿物或集合体。瑕疵对高档宝石级翡翠的质量评价影响极大，对中、低档玉雕材料则可按巧色安排而制成精美玉雕工艺品。

(2)裂纹(绺)：裂纹的存在与否对翡翠的质量影响较大，翡翠中的裂纹有两种：一种是由外界冲击造成的裂纹；另一种是晶体间裂纹。受外界冲击造成的裂纹对质量影响极大，晶间裂纹是由粗晶体边界结合较差造成，一般影响不大，但具有晶间裂纹的翡翠质量较差。裂纹一般要在灯光下才能检查，有些裂纹非常隐蔽，需要鉴定者仔细观察。

5. 工艺质量

优质翡翠可制成贵重首饰，其工艺质量的优劣主要考虑厚薄、比例、美感、雕刻和抛光程度等，要求突出颜色、切工规整、形态优美、抛光精良；对翡翠玉雕工艺品，则需要考虑工艺水平，工艺师要善于利用巧色，并施以巧妙构思、娴熟的技艺以提高翡翠制品的价值。高质量的翡翠工艺品应是因材施艺、图案精美、线条流畅、善用巧色。

6. 重量或体积

与其他宝玉石相比，翡翠制品受重量或体积的影响相对较小。但在颜色、质地、透明度、加工工艺相同或相近的情况下，重量或尺寸越大，越是稀有，价格越高。属于特高档或高档的帝王玉以克拉计价，重量越大，价格越高。其他属于中高档至中档的商业玉以及属于中低档的普通玉一般以件计价。

第九章 像彩虹般美丽的玉石——欧泊

9.1 历史与传说

欧泊名称来源于其英文名称 Opal 的译音,该英文来源于拉丁文"Opalus"或梵文"Upala",意思是"贵重宝石"或"集宝石美于一身",它是珠宝行业中惯用的名称。中国人习惯称它为蛋白石,此外,在珠宝行业中,欧泊还有其他的行业名称,如"闪闪云""闪山云"等。

在澳大利亚发现欧泊要归功于德国地质学家约翰尼斯·曼奇教授。1840 年,他在澳大利亚南澳州首府阿德莱德北部约 80km 的安加斯顿发现了绿色欧泊。1868 年,真正贵重的欧泊在昆士兰西面,布来考南面的利斯托威尔车站被发现。1871 年,澳大利亚历史上第一个有登记许可开采的欧泊矿出现在南部小城奎尔派,历史上称做"令人骄傲的山脉",这也是欧泊矿开采的真正开始。1873 年,珍贵的欧泊在伯克罗区的山上被发现,很快被世人知道,并叫它做"伯克罗欧泊",这些平顶山脉坐落在塔哥马英达北面和利斯托威尔的东面。那里也是博罗河的发源地,它的支流间歇地流向西面。更多的欧泊在凯纳拿周围向北延伸近 100km 的范围被发现。

企业家霍伯特·邦德曾经努力地将欧泊推向国际市场,不过不很成功。直到 19 世纪 70 年代末,开矿先锋乔·布莱德在奎尔派西北部和威道拉南部的凯博拉山脉中的史东尼开采出欧泊矿石,再由图雷·库仑斯韦特·沃雷斯顿于 1890 年把它带到伦敦,才真正意义上地掀开了澳大利亚欧泊产业历程。1894 年,澳大利亚第一个用于商业开采的欧泊基地被发现。这个偏远的欧泊基地坐落在干旱的新南威尔士州西北部,距离悉尼大约 850km,位于布罗肯山脉东北 200km 地方。直到 1899 年,瓦埃特克里佛斯逐渐成为世界主要的欧泊发源地,出产从浅色欧泊、深色欧泊以及水晶欧泊并远销海内外。1899 年,其他国家的欧泊采购商纷至沓来,经过危险而漫长的旅程进入澳大利亚内陆购买瓦埃特克里佛斯出产的欧泊。不过到了 1914 年,随着第一次世界大战爆发,那里几乎停止了欧泊的商业开采。后来的一个重要发现是在莱顿宁瑞奇,全澳四分之三贵重的深色欧泊出产在这里,当时是被一群墨累河边玩耍的小孩无意中发现,这个欧泊基地在新南威尔士州,那里欧泊开采一直延续至今。

欧泊具有扑朔迷离和绚丽多姿的色彩,犹如横跨天际的七色彩虹,如同把人们带进了五彩缤纷的梦幻世界,给人以无穷的遐想和憧憬,被称为像彩虹般的玉石而倍受人们喜爱。博学的罗马学者普林尼(Pliny)把欧泊石描述为"红宝石的火,紫水晶的亮紫色,绿宝石的绿色,所有色彩不可思议地联合在一起发光。"罗马人称欧泊石为丘比特之子(Cupid Paederos 恋爱中美丽的天使),尊它为希望和纯洁的象征,并被作为十月生辰石。在那时,欧泊石被认为能防止佩戴者得病。东方人更尊重欧泊石,把它看作代表忠诚精神的神圣的宝石。Orpheus 写到,欧泊石"用欢乐充满了众神的心"。阿拉伯人相信,欧泊石是从闪闪发光的宇宙掉下来的,这样才获得了它神奇的颜色。在古希腊,它们则被认为拥有给它们主人以预见和预见灵光的力量。约瑟芬皇后有一枚叫做"特洛伊(Troy)燃烧"的宝石,因其令人眼花缭乱的变彩而得名。嗣后,欧泊石的赞歌不断。莎士比亚曾在《第十二夜》中写道:"这种奇迹是宝石的皇后"。在《马耳他(Marlowe)的珍宝》中珍宝的目录是这样开始的:"袋状火焰欧泊石,蓝宝石和紫水晶,红锆石、黄玉和草绿色绿宝石……。"艺术家杜拜(Du Ble)写出了富有诗意的描述:"当自然点缀完花朵,给彩虹着上色,把小鸟的羽毛染好的时候,她把从调色板上扫下来的颜料浇铸在欧泊石里了"。到19 世纪,有关欧泊石的迷信开始了,就在同时,沃尔特·斯哥特写了一部名叫《盖也斯顿(Geierstein)的安妮》的小说,在这本书里,女主人公有一块能反映她的每种情绪的欧泊石;当她愤怒时欧泊石就闪烁着火红色,在她死后立即"燃烧成苍白的灰色"。结果有些人开始相信,欧泊石是不吉利的。幸运的是,由于当时一些知名人物们变成了公认的欧泊石迷或者他们把欧泊石作为体面的礼物相互赠送,例如,维多利亚女王就送给她的五个女儿每人一枚漂亮得惊人的欧泊石。迷信也因此而消失了。

9.2 基本性质和品种

9.2.1 基本性质

1. 化学性质

欧泊为含水非晶质二氧化硅,化学分子式 $SiO_2 \cdot nH_2O$。

2. 结晶学性质

欧泊为非晶质体,具有 150~400nm 的球状 SiO_2 组成的内部结构。

3.力学性质

(1)解理和断口:无解理,贝壳状断口。

(2)硬度:摩氏硬度为 5~6。

(3)密度:2.1g/cm³。

4.光学性质

(1)颜色:分体色和伴色。体色有黑色、白色、橙色、蓝色、绿色等多种颜色;伴色可有红、橙、黄、绿、蓝、紫等。

(2)透明度和光泽:透明—不透明,玻璃光泽—树脂光泽。

(3)折射率:1.45,火欧泊可低达 1.37。

(4)光性特征:均质体。

(5)多色性:无多色性。

(6)发光性:黑色或白色体色的欧泊可具中等强度的白色、浅蓝色、浅绿色和黄色荧光,并可有磷光。火欧泊可有中等强度的绿褐色荧光,可有磷光。

(7)吸收光谱:绿色欧泊可见 660nm、470nm 吸收线,其他颜色的欧泊吸收不明显。

(8)特殊光学效应:具典型的变彩效应。

5.包裹体

欧泊内有时可有二相和三相的气液包裹体,可含有石英、萤石、石墨、黄铁矿等诸多的矿物包裹体。墨西哥欧泊中含有针状角闪石包裹体。

9.2.2 品种

欧泊的品种划分有多种方案,在商贸中也有许多称谓,常见的是按照体色及变彩颜色的数目进行划分。

1.按体色

按体色欧泊分为黑欧泊、白欧泊、火欧泊、水欧泊、普通欧泊和王牌欧泊。

(1)黑欧泊:体色为黑色或深蓝、深灰、深绿、褐色的品种。以黑色最理想,由于黑体色的背景,使欧泊的变彩显得更加鲜明、夺目,显得更加雍容华贵。最为有名的黑欧泊发现于澳大利亚新南威尔士。

(2)白欧泊:体色为白、乳白、灰白等品种,是最为常见的品种,约占欧泊总量的 80%,主要发现于欧泊之都澳大利亚的库伯迪城。在白色或浅灰色基底上出现变彩的欧泊,它给以清新宜人之感。

(3)火欧泊:体色为红、橙红至橙黄的品种,无变彩或变彩很弱,半透明—透明,主要产于墨西哥。由于其色调热烈,有动感,所以被大多数美洲人所喜爱。

(4)水欧泊:无主体体色、极透明的欧泊,有类似咖喱的质感,变彩极弱。此种欧泊亦有"玉滴石"或"胶状欧泊"之称。

(5)普通欧泊:是不具变彩效应或变彩极弱、透明度极差的欧泊,质量较差,又称劣质欧泊。

(6)王牌欧泊:周边绿色、表层无色、内心深红色或青铜色的欧泊,是欧泊中的名贵品种。

2. 按变彩颜色的情况

按变彩颜色的情况可分为单彩、三彩、五彩、七彩等品种。

(1)单彩欧泊:变彩较弱,单一颜色。

(2)三彩欧泊:有二至三种变彩,如绿、蓝或黄等色。

(3)五彩欧泊:有四至五种变彩,如红、黄、蓝、绿、褐等色。

(4)七彩欧泊:有六至七种变彩,是欧泊中的较少见的珍贵品种。

除上述品种外,基于变彩的大小、色斑形状、图案等还有一些商用名称,如斑点状欧泊、彩纹欧泊、火焰状欧泊、孔雀欧泊等。但体色和变彩数目是品种划分考虑的主要因素。

9.3 真假鉴别

正因为欧泊受人欢迎,价值较高,因而市场不可避免会出现仿冒和作假的情况,于是真假鉴别意义重大。从目前的市场情况看,欧泊的鉴别归纳起来主要有三种情况:一是仿制品的鉴别;二是合成欧泊的鉴别;三是处理品的鉴别。

9.3.1 仿制品的鉴别

能仿冒欧泊的宝玉石较多,常见的有塑料、玻璃、拉长石和火玛瑙等。

1. 塑料

(1)仿制欧泊的塑料外观与欧泊很相像,但细心观察色斑时会发现它缺少天然欧泊的典型结构,并可能存在气泡,在偏光镜下有异常干涉色,有时气泡周围还会出现应变痕迹。

(2)折射率高于欧泊,为 $1.48\sim1.53$。

(3)密度低于欧泊,为 1.20g/cm^3 左右。

(4)热针探测塑料有辛辣味。

2. 玻璃

(1)玻璃中显变彩效应者一般是一片片皱起的金属片,并可见气泡。

(2)折射率高于欧泊,为 1.49~1.52。

(3)密度高于欧泊,为 2.4~2.5g/cm³ 左右。

3. 拉长石和火玛瑙

拉长石中的包裹体是特有的,并发育解理。火玛瑙属隐晶质,无欧泊的色斑。拉长石和火玛瑙的折射率和密度均高于欧泊。通过上述特征易于将它们区分开来。

9.3.2 合成品的鉴别

1972 年,法国人吉尔森宣布合成欧泊获得成功,但作为首饰用的合成欧泊直到 1974 年才在市场上出现。随之合成欧泊不断充斥市场,并有许多不法商人将其作为天然品出售。虽然合成品具天然品一样的变彩效应,但仔细观察仍可将两者区分开来:

(1)天然欧泊的色斑排列是板状的,具典型的二维结构,合成欧泊的色斑是柱状的,具典型的三维结构。

(2)在紫外灯下,天然品具淡白色荧光,且具鳞光。合成品荧光很弱,且一般无鳞光。

(3)合成欧泊密度比天然者低,为 2.06。

(4)红外光谱测定,合成欧泊的水分子与天然欧泊具明显差异。

9.3.3 处理品的鉴别

由于质量好的天然欧泊十分稀少,而市场对优质的天然欧泊的需求在不断增加,于是人们试图用各种方法对天然存在缺陷的欧泊进行优化处理,并得到各种优化处理的欧泊品种,比较常见的有拼合欧泊、糖处理欧泊、烟处理欧泊、注塑处理欧泊和注油处理欧泊等。正确地鉴别这些处理品也是欧泊鉴别的重要内容。

1. 拼合欧泊

通过放大观察结合面和结合缝,以及观察粘合胶中的气泡等可将两者区别开来。同时,拼合欧泊与天然欧泊在物理性质上存在较大差异。

2. 糖处理欧泊

其处理办法是将欧泊在糖水中浸泡数天,再在碳酸盐溶液中快速漂洗,洗去氢和氧,留下碳质,使欧泊呈黑色。这种欧泊的鉴别方法是:放大观察,其色斑呈破碎的小块状局限在欧泊的表面,结构为粒状,可见小黑点状碳质染剂在裂隙中聚集现象。

3. 烟处理欧泊

其处理办法是用纸将欧泊包裹好,然后加热,直到纸冒烟为止,这样可产生黑背景。这种黑色仅限于表面,同时用于这种方法处理的欧泊往往多孔,密度较低,其密度往往在 $1.38\sim1.39g/cm^3$ 左右,用针头触碰,烟处理的欧泊可有黑色物质剥落,有粘感。

4. 注塑处理欧泊

其处理方法是往天然欧泊注入塑料,使其产生暗色背景。注塑欧泊的密度较低,约为 $1.90g/cm^3$,可见黑色集中的小块,透明度比天然欧泊高。在红外线光谱中将显示有机质吸收峰。

5. 注油处理欧泊

其处理办法是用注油和上蜡的方法来掩饰欧泊的裂隙。这种欧泊可能显示蜡状光泽,当用热针检查时有油或蜡珠渗出。

9.4 质量评价

欧泊的质量评价主要从下列几个方面考虑,即欧泊品种、体色类型、变彩强弱及数目、粒度大小、裂隙程度和切工优劣,其中体色和变彩是评价其质量最重要的因素。

1. 欧泊的体色

在各个品种的欧泊中,市场上以黑色欧泊最为昂贵,其次是白欧泊,再次是火欧泊,其他颜色的欧泊较低。在黑色欧泊中又以纯黑体色者为上品,蓝、绿次之。白欧泊以纯白色为佳,灰白、乳白较差。火欧泊中以樱桃红色的火欧泊最佳,其他颜色较次。

2. 变彩效应

一般来讲,欧泊的变彩数目越多,变彩强度越大,价值越高。价值高的欧泊应该是出现可见光谱中各种颜色的欧泊,即七彩欧泊,这种欧泊会产生令人赏心悦目的红色、紫色、橙色、黄色、蓝色和绿色,而且转动玉石时色斑变化强烈并且有层次感。除七彩欧泊外,其次是五彩欧泊,再次是三彩欧泊。无变彩效应的欧泊一般无太高价值。

3. 粒度

与翡翠、和田玉不同,欧泊的价格以克拉计价,因此要求欧泊的重量越大越好。

一般超过 2ct 以上的就比较珍贵了。

4. 缺陷

欧泊的脆性大,韧性差,因此易产生裂隙,也因此而对质量产生严重影响。欧泊一般要求其内部和表面均无明显的裂痕,若存在裂痕,价格将大受影响。

5. 切工

欧泊以椭圆弧面型琢型最受人欢迎。弧面必须均匀,抛光良好,并且外形轮廓规整、协调、对称。弧面的高低要适宜,太高会减少变彩且浪费材料,太薄则容易破裂。大块优质的收藏品,往往只需经过抛光即可。

第十章 常见玉石

除和田玉、翡翠、欧泊三种较为珍贵的玉石外,市场上还有许多其他玉石品种,其中较为常见的有岫玉、独山玉、绿松石、青金石、鸡血石、寿山石等,虽然它们的商品价值往往不如上述玉石珍贵,但其装饰价值较大,有时可与上述珍贵玉石媲美,并有一定的市场占有率。而且市场上还存在用这些低档玉石仿冒高档玉石的情况。因此,了解常见玉石的有关知识对于鉴赏珠宝者来讲也是必不可少的。

10.1 岫 玉

岫玉(Xiu jade)因大量产于辽宁省鞍山市岫岩满族自治县而得名,因其主要成分为蛇纹石,又称蛇纹石玉(Serpentine jade)。实际上,岫玉的产地较为广泛,除岫岩外,我国甘肃祁连山、广东信宜、台湾花莲等地均有岫玉产出。岫玉在我国被开发利用的历史较长,有可靠的资料证明,在新石器时代,我国先民们已开始使用岫玉了,如红山文化发掘的玉器中,许多就是用岫玉制成的,岫玉的使用量也较大,对中国玉文化的影响也较为深远,唐诗中"葡萄美酒夜光杯"中的夜光杯就是用产于酒泉的岫玉制成。因此,岫玉有中国四大名玉的美称,也是我国目前为玉雕工艺品中使用最广的玉种之一,可制成各种工艺品。

1. 基本性质

岫玉是由微细纤维状、叶片状和胶状蛇纹石矿物集合体组成,蛇纹石化学式为 $Mg[Si_4O_{10}](OH)_8$。其中 Mg 可被 Mn、Al 等类质同像置换,有时还有 Cu、Cr 等混入。岫玉常见带黄的浅绿色,也有白、黄、墨绿等色。硬度随其矿物成分而变化,一般岫玉含蛇纹石矿物 85% 左右,摩氏硬度 4~4.8 左右;若岫玉中透闪石含量达 25% 以上,硬度可达 5.5。半透明—微透明,蜡状光泽。密度 $2.44 \sim 2.8 g/cm^3$。折射率 1.555~1.573。岫玉遇盐酸或硫酸可分解。

2. 品种

岫玉的产地较多,不同产地的岫玉由于矿物组成存在差异,由此按产地而形成许多不同的品种。

(1)辽宁岫玉:产于辽宁岫岩县,颜色多为带黄的浅绿色,还有各种色调的绿色、白色、花斑色等,半透明,在玉器成品上可见分布不均匀的纤维蛇纹石丝絮及不透明的白色云朵状斑点。岫玉是我国质量最好的岫玉品种之一。

(2)广东岫玉:也称南方玉。产于广东信宜县,黄绿色、绿色,不透明,浓艳的黄色、绿色斑块组成美丽的花纹,适合雕刻大型摆件。

(3)甘肃岫玉:产于甘肃祁连山酒泉地区,也称祁连玉或酒泉玉。墨绿色、黑色条带状,半透明—微透明。

(4)新疆岫玉:也称昆仑玉。产于新疆昆仑山和阿尔金山,昆仑玉与和田白玉、青白玉伴生产出,玉质较好,可与岫玉相比,但透明度稍差。颜色为各种色调的绿色和白色。

(5)青海岫玉:产于青海省都兰县,也称都兰玉。是一种具有竹叶状花纹的块状岫玉。

(6)台湾岫玉:产于台湾省,也称台湾玉。草绿、暗绿色,常有一些黑色斑点和条纹,半透明,硬度较高,玉质较好。

3. 真假鉴别

岫玉的真假鉴别相对较为容易,因为市场上较少存在用其他天然玉石来仿冒的问题,同时,岫玉特殊的浅黄绿色,也容易与其他玉石区分开来。在岫玉的鉴别过程中,值得重视的是以下方面的问题。

处理岫玉的鉴别:为了改善岫玉成品的外观,或为了仿冒古玉,市场常见染色和蜡充填处理的岫玉。染色岫玉的颜色主要集中于裂隙中,放大观察很容易发现染料的存在。蜡充填岫玉很容易通过热针来鉴别。

与玻璃的鉴别:市场难见到用天然玉石仿冒岫玉的情况,但用玻璃来仿冒的情况却存在,但鉴别较容易。玻璃为非晶质体,在偏光镜下为全消光,玻璃内具气泡,光泽和其他物理特征也各不相同。

仿古玉制品的鉴别:市场上常见用岫玉烧制或酸腐蚀制成的仿古制品,鉴别时,首先通过各种方法鉴别出仿制品的材料是否是岫玉,然后再用仿古玉鉴别的方法鉴别出它们是作伪的。

4. 质量评价

岫玉的质量评价主要依据颜色、透明度、质地、净度、重量或体积、加工质量等进行。一般而言,颜色为中等浓度的绿色和黄色、透明度高、质地细腻均匀、净度高、体积大、加工质量高者为上品。若上述诸要素存在问题,均会影响其质量。

10.2 独山玉

独山玉（Dushan jade）因产在河南南阳市东北约 8km 处的独山而得名。从考古发现看，独山玉的使用历史非常古老，在我国南阳发现了一件用独山玉制成的玉铲，经研究确定为新石器时代的遗物，距今已有 6000 多年。此后，在商朝遗址和墓葬中，也发现过不少独山玉质的玉器，说明在 3000 多年前，独山玉的使用已较为普遍。而据南阳县志记载：独山玉石矿在 2000 多年的西汉时就正式开采，而独山古时称玉山。在今独山东南的山脚下，留有汉代"玉街寺"的遗址，据说是汉代加工制作独山玉之所在。在独山上，今天还存在古代采玉石的坑洞 1000 多个，并成为今天找玉的标志。独山玉色彩鲜艳、质地细腻、致密坚硬，是中国四大名玉之一。

1. 基本性质

独山玉是一种黝帘石化斜长石集合体。独山玉的主要组成矿物是斜长石和黝帘石，次要矿物是次闪石、绿闪石、透闪石-阳起石、透辉石等，粒状结构，块状构造。独山玉颜色丰富，有 30 余种色调，主要颜色有白、绿、紫、黄、黑等几种。微透明—不透明，玻璃光泽—油脂光泽。摩氏硬度为 $6.5\sim7$，密度 $2.7\sim3.09\text{g/cm}^3$，折射率 $1.56\sim1.70$。

2. 品种

工艺上，独山玉主要依据颜色来划分品种，主要的品种有：白独玉、绿独玉、紫独玉、黄独玉、红独玉、青独玉、黑独玉、杂色独玉等。

3. 真假鉴别

独山玉的鉴别较为容易，珠宝行内许多人士一眼就能将它区分开来，独山玉特有的杂色成为其鉴别的主要依据之一。对于一般的珠宝鉴赏者来讲，独山玉的鉴定中最重要的是注意它与翡翠、和田玉、石英质玉、岫玉和碳酸岩类玉的区别。鉴定的方法是它们的物理特征存在明显差异，独山玉除特征的颜色外，还有明显的粒状结构，也是独山玉与上述玉石相区别的主要特征。

4. 质量评价

独山玉的质量评价依据主要有：颜色、裂纹、杂质含量和块度大小等。优质的独山玉为白色和绿色，白色者外观似和田玉，绿色者外观似翡翠，深受人们喜爱。与此相对应，白色独山玉要求为油脂光泽、微透明、质地细腻、无杂质、无裂纹、加工工艺好、且有一定大小。绿色者要求颜色翠绿，其他要求与白色独山玉相同。由于真正能达到上述标准的独山玉产量十分有限，因此，市场价格较高，如好的独山手镯价格可到每只数万元,有时甚至达到每只10余万元。

10.3 绿松石

绿松石(Turguoise)又名松石、土耳其石、突厥石。章鸿钊在《石雅》一书中解释道:"此或形似松球,色近松绿,故以为名"。据历史考证,古代欧洲人所用绿松石,其原产地为波斯(今伊朗),是通过土耳其的伊斯坦布尔这一古代国际商贸城市进入中东及欧洲的,因此,人们把绿松石说成是土耳其石。绿松石是一种具有独特蔚蓝色的玉石,被视作"蓝天和大海的精灵",深受古今中外人士喜爱。绿松石在中国的使用历史非常古老,在河南属于仰韶文化的遗址中已发现绿松石制成的饰物,距今已6000多年。在商、周、春秋战国、汉、晋等时代的墓葬中,不断发现有绿松石制成的饰物和圆珠,说明在漫长的历史中,它一直受中国人所喜爱,并被列为中国"四大名玉"之一。绿松石是世界穆斯林和美国西南部人民特别钟爱的宝石,我国蒙、藏民族也视之为珍宝。绿松石是土耳其的国石。绿松石与青金石、锆石一道,被称为十二月诞生石,象征成功、好运和必胜。

1. 基本性质

绿松石主要由绿松石矿物组成,另外还含埃洛石、高岭石、石英、云母等矿物,通常不透明。绿松石是一种含水的铜铝磷酸盐,分子式为$CuAl_6[PO_4]_4(OH)_8 \cdot 5H_2O$,三斜晶系,单晶体为短柱状,但极罕见。一般所指绿松石是一种致密的隐晶质绿松石矿物集合体,要借助5000倍电子显微镜才能看到鳞片状小晶体。绿松石含18%～20%的水。它以吸附、结构和羟基的形式存在。它们对绿松石的颜色鲜艳程度影响极大。

自然界绿松石集合体的外部形态有致密块状、肾状、钟乳状、皮壳状、团块状和结核状等。若团块和结核外包有一层薄薄的黑皮、红皮或白皮,这种料称"仔料",没有外皮的称"山料"。黑皮料属优质玉料。

绿松石的颜色可分为蓝色、绿色和杂色三大类,一般为蜡状光泽,摩氏硬度5～6,密度$2.8～2.9g/cm^3$,折射率1.60～1.65,一般无荧光或荧光很弱,其吸收光谱在420nm处有一条不清晰的带,432nm处有一条可见的带,有时在460nm处有一条模糊的带,常有黑色斑点或黑色线状褐铁矿或其他铁氧化物包裹体。绿松石不耐热、不耐酸,由于孔隙发育,因而易污染。

2. 品种

国内的绿松石的品种是按颜色、质地、产地等进行划分。

(1)按颜色划分：有蓝色绿松石、浅蓝色绿松石、绿色绿松石和白色绿松石等。

(2)按结构构造和质地划分：有透明绿松石，它是一种十分罕见的绿松石透明晶体，在中国尚未发现，仅产于美国弗吉尼亚州(J. E. Arem, 1977)；块体绿松石，即由显微鳞片状绿松石矿物构成的致密块状绿松石，根据结晶习性又有块状、肾状、葡萄状、结核状之分；蓝缟松石，是铁质在蓝色绿松石上构成珍奇蜘蛛网状花纹的品种，亦称花边绿松石；铁线绿松石，是含有黑色铁质花线的绿松石；磁松石，是光亮如上釉的瓷器的绿松石品种，亦称瓷松石或瓷松；斑点绿松石是绿松石在高岭土脉石中呈斑点状分布的品种。

(3)按产地划分：有湖北绿松石，为产于中国湖北省诸县的绿松石，古称"襄阳甸子"或"荆州石"者；新疆绿松石，为产于新疆维吾尔自治区的绿松石，也称"河西甸子"；内沙布尔绿松石，为产于今伊朗北部阿里米塞山上内沙布尔地区的绿松石，中国古代称为"回回甸子"，日本则称"东方绿松石"。此外，国外尚有埃及绿松石、智利绿松石、美国绿松石和澳大利亚绿松石等。

3. 真假鉴别

绿松石是相对较易鉴别的玉石品种，因其具有其他玉石所没有的天蓝色，不透明。而且绿松石经常有褐色、黑色的纹理或色斑，行内称铁线。它们是由褐铁矿和炭质等杂质聚集而成。在绿松石鉴别中，需要重视的有以下几个方面：

(1)与三水铝石、硅孔雀石、菱镁矿的区别：鉴别时注意这些玉石很少具有绿松石的天蓝色，也无铁线，物理特征也明显不同。

(2)合成绿松石的鉴别：由吉尔森生产的合成绿松石1972年面市。这种合成品的鉴别应主要考虑颜色、成分、结构构造等方面，例如天然绿松石颜色较杂，分布不均，而合成者成分单一，天然者杂质较多。又如天然绿松石有铁线，且变化较大，合成品一般无铁线，即使有也很生硬。

(3)压制绿松石的鉴别：压制绿松石是一种由绿松石微料、各种铜盐或其他金属盐类的蓝色粉末，在一定的温度和压力下压结而成的材料。它的鉴别一般可以从结构、密度、吸收光谱和酸试验等方面进行。

(4)处理绿松石的鉴别：市场的绿松石成品常通过各种方法进行优化和处理，如浸泡、上蜡、染色和稳定处理。这些绿松石鉴别可参考其他玉石的相关处理成品的方法进行，具体可考阅有关文献。

4. 质量评价

绿松石质量评价应从颜色、硬度和质地、净度、特殊花纹和块度等方面考虑。

(1)颜色：绿松石以标准的天蓝色为最佳，其次为深蓝色、蓝绿色，且要求颜色均匀，达到阳正浓和最佳状态。

(2)硬度和质地:绿松石按硬度和质地可分为瓷松、硬松和面松等品种,以硬度较高,质地较好的瓷松为最佳,硬松次之,面松最次。

(3)净度:绿松石常含粘土和方解石等杂质,这些杂质的存在将影响绿松石的质量。因而杂质含量越少,质量越高。

(4)特殊花纹:绿松石可与围岩一道共同磨出玉器工艺品,且当围岩与绿松石一道构成一定的具象征意义的图案时,这样的产品将大受欢迎。

(5)块度:主要针对绿松石的原料销售而言,块度越大,价值越高。

10.4 石英质玉石

石英质玉石是指以石英为主要成分的一类玉石的总称。由于形成方式、组成成分、结晶程度、结构构造等千差万别,因而形成了纷繁多样的玉石品种。

1. 基本性质

石英质玉石的基本性质与单晶石英的大致相同,但由于是集合体,玉石除石英外,还含有其他矿物,结晶程度和颗粒排列方式也千差万别,因此,其性质与单晶石英存在一定差别。

(1)矿物组成:主要是隐晶质、多晶质石英,另外可含少量云母、绿泥石、粘土矿物和褐铁矿等。

(2)化学成分:主要是 SiO_2,另外可含少量的 Ca、Fe、Mg、Mn、Cr 等微量元素。

(3)力学性质:摩氏硬度 6.5~7.0,密度 2.55~2.65g/cm³。

(4)光学性质:纯净时为无色,当含有不同的杂质元素或混入不同的矿物时,可呈各种各样不同的颜色。一般为玻璃光泽,有时显油脂光泽,透明—半透明—不透明,折射率一般为 1.53~1.54。

2. 主要品种

石英质玉石根据结晶程度、颗粒大小、颗粒排列方式、形成方式等可分为隐晶质玉石、多晶质玉石和 SiO_2 交代玉石三大类。

(1)隐晶质玉石:包括玛瑙、玉髓、碧玉等,均由隐晶质石英组成,显微粒状、短纤维状结构。典型的品种有:

①玛瑙:是一种具有条带状构造的隐晶质玉石,呈块状、结核状或脉状产出。它色彩斑斓,纹理奇特,历来为中国人民珍爱,至今,珍珠玛瑙还是珠宝的代名词。"千样玛瑙万种玉",自古以来,我国对玛瑙品种划分得很细。根据颜色、花纹和包裹体,可将玛瑙分成红玛瑙、蓝玛瑙、紫玛瑙、绿玛瑙、白玛瑙、黑玛瑙、缠丝玛瑙和

水胆玛瑙等。

②玉髓：是一种以玉髓矿物为主，含少量蛋白石和微粒石英组成的矿物集合体，是一种无条纹构造的岩石（石髓）或玉石（玉髓）。常见玉髓按颜色分成下列几种：

绿玉髓（亦称澳玉）：绿玉髓颜色鲜艳均一，有苹果绿、蓝绿等色。绿玉髓的色调与 Cr 含量有关，含量越高，绿色调越深，质地越好。

血滴石（也称血石髓、血星石）：表现在葱绿色玉髓上有红色小点，状如滴血者。

③碧玉：碧玉是一种含粘土矿物的玉髓，半透明—不透明，颜色有红、黄、绿、灰蓝等，工艺美术界称肝石及土玛瑙等。

④黄龙玉：主要由隐晶质石英组成，曾被称为黄腊石。由于其具有田黄般的颜色，翡翠的硬度、透明度高，色彩鲜艳丰富，优质者产于云南保山龙陵，故最终得名黄龙玉。近年来，由于各种因素，市场价格被炒得较高。

⑤桂林鸡血玉：因产于广西桂林境内而得名，是一种富含铁而显类似鸡血石红色的红碧玉。

⑥贵州马场石：产于贵州安顺市普定县马场镇一带数公里的三岔河河段内，是一种色如鸡血的碧玉石。因其色红如血，被王伟先生命名为"国红石"。

(2)多晶质玉石：这类玉石实质上是石英的单矿物岩石，其中的石英为他形粒状，粒度一般较大，肉眼或在 10 倍镜下可见，这类玉石常以产地来命名，常见的品种有：

①东陵玉：亦称印度玉，是一种含铬云母的石英质多晶质玉石，按颜色可分为绿色东陵玉、蓝色东陵玉和红色东陵玉。

②密玉：因产于河南密县而得名，是一种含铁锂云母的石英质多晶质玉石，颜色只有白—浅绿色，市场工艺制品一般经染色处理。

③京白玉：因产于北京郊区而得名，是一种含白云母的白色石英质多晶质玉石。

④马来西亚玉：是一种染色的石英质多晶质玉石。严格地讲，"马来西亚玉"这一名称不允许出现在任何商标上、鉴定报告中，这种玉石一进入市场就是以欺骗消费者的面貌出现的，主要用来仿冒翡翠，曾经让许多人上当受骗。

⑤贵翠，又称贵州玉，因产于贵州省而得名，具体产于贵州省黔西南布依族苗族自治州晴隆县大厂镇。为含绿色高岭石的细粒石英岩，多呈淡绿色，具玻璃光泽，外观与翡翠有些相似，但不纯和，多杂质。

⑥台湾翠：因产于台湾省而得名，是一种蓝色的石英质玉石。

⑦金砂玉：产于广西、广东交界的黄华河流域，是一种含白云母和褐铁矿的石英质玉石。因其含白云母和褐铁矿而呈金星闪闪的光学效应，故名金砂玉。

(3) SiO_2 交代的玉石：是一种由于受 SiO_2 交代作用,仅保留了原矿物晶形(假像)而形成的石英质玉石,较重要的品种有木变石和硅化木。

①木变石：由 SiO_2 交代纤维状石棉而成。主要品种有：

虎睛石：是黄色或褐黄色的硅化石棉,当琢磨成弧面型宝石时,显示猫眼效应,外观似"虎睛"而得名。

鹰睛石：是蓝色、蓝绿色的硅化石棉,当琢磨成弧面型宝石时,显示猫眼效应,颜色和猫眼效应似"鹰睛"而得名。

斑马虎睛石：是褐黄色与蓝色相间,呈条带状的木变石品种。

②硅化木：由 SiO_2 交代置换地质历史时期被埋入地下的树木而形成。它保留了树木的年轮和个体细胞结构,并因含 Fe、Ca 等杂质元素而显各种颜色。

3. 真假鉴别

石英质玉石的鉴别相对较为容易,一方面是市场上很少存在用其他玉石来仿冒石英质玉的情况,即使存在,最有可能的是玻璃,但用这种玉石仿冒其他珍贵玉石的情况却十分普遍,如用马来西亚玉仿翡翠、用京白玉和白玛瑙仿和田玉等。这种玉石的真假鉴别值得重视的情况如下。

(1) 与玻璃的鉴别：玻璃是石英质玉石最主要的仿制品,这些玻璃制品呈完全的玻璃质或半脱玻化,可呈各种颜色,有还可能有玛瑙的条带状构造,与天然石英质玉很相似,极有欺骗性。鉴别方法是：由于玻璃是非晶质,在偏光镜下的消光情况与石英质玉石完全不同；玻璃内有气泡,密度、硬度、折射率等物理性质也存在差异。只有仔细观察,或借助于仪器,其鉴别应该是不难的。

(2) 注水水胆玛瑙的鉴别：当水胆玛瑙存在裂隙,或在加工过程中产生裂隙,水胆中的水都会溢出,直到干涸,使整个水胆玛瑙失去工艺价值,在这种情况下,注水水胆玛瑙应用而生。鉴别玛瑙中是否有水以及水是否是注入的便成了水胆玛瑙鉴别的关键。

鉴别是否有水的方法是：将玛瑙块拿在手中,靠近耳边摇晃,仔细听音,洞大水多者可发出咕咚的声音,洞小水少者声音亦小,若听到石内有碎屑碰撞声,则说明洞空无水；凭手感及手掂石重,用光照等也可帮助判断是否有水。

注水水胆的鉴别方法是：仔细检查有无裂纹以及是否有经过充填的痕迹,若为注水玛瑙,一般能看到注水通道的痕迹。

(3) 优化处理品的鉴别：一些颜色不好石英质玉石通过加热和染色可形成各种各样的颜色品种。由于是低档玉石,这些处理品也被市场所接受。若要进行鉴别,可参照其他玉石的热处理和染色的处理品特征进行。

4. 质量评价

从目前市场的情况看,石英质玉石的评价主要从以下几方面考虑：

(1) 颜色和特殊的图案：一般来讲，石英质玉石要求有一定的颜色，且颜色越鲜艳越均匀越好。有时其中分布的颜色若形成一定的花纹和图案，则会提高它的工艺价值，有时还会成为收藏者追求的对象，如天珠、雨花石、南红玛瑙等。

(2) 质地：主要决定于组成玉石矿物颗粒的粒度大小、排列方式、杂质种类及含量等。质地越细腻均匀，杂质越少，价格就越高。

(3) 透明度：一般而言，透明度越高，价格就越高。

(4) 大小：制作工艺品的石英质玉石要求有一定块度大小，在其他条件相同的情况下，块度越大，价值越高。

(5) 加工工艺：加工工艺越好，价格越高。

10.5 青金石

青金石英文名称为 Lapis lazuli，意为"蓝色的宝石"。青金石是一种古老而神圣的玉石，人类对它的开发和利用具有悠久的历史。早在公元前 5000～6000 年，人们就开始开发和利用阿富汗巴达赫尚(Badakshan)省的萨雷散格优质青金石矿藏，其产品传遍世界各大文明古国。青金石之所以贵重，并受到历代统治者的青睐，其原因就是它那纯正而深沉的天蓝色，即所谓"天青"和"帝青色"。古罗马老普林尼称青金石为"蓝宝石"，说它"含有金子般的斑点"。我国清代《清会典图考》载有"皇帝朝珠杂饰，惟天台用青金石"。青金石不但用作工艺饰品材料，也用作珍贵颜料。从古希腊和古罗马至文艺复兴时代，人们把青金石磨成粉末，用来绘制世界名画；在中国甘肃省敦煌莫高窟、千佛洞的彩绘全用青金石作颜料，其珍贵和庄重可见一斑。章鸿钊在《石雅》中引述 G.F. Kunz 语曰："青金石色相如天，或复金屑散乱，光辉灿灿，若众星之丽于天也"。

1. 基本性质

青金石玉的主要矿物组成是青金石(Lazurite)，另外可含方解石、黄铁矿、方钠石和透辉石等矿物。青金石的化学分子式为 $(Na,Ca)_8[AlSiO_4]_6(SO_4,Cl,S)_2$。属等轴晶系，单晶为菱形十二面体，这种晶体极罕见。青金岩一般以粒状和致密块状的单矿物集合体形式出现。具粒状、不平坦状断口，摩氏硬度 5～6，密度 2.5～2.9g/cm³，颜色可为深蓝、青蓝、天蓝、紫蓝、翠蓝和绿蓝等，玻璃光泽—树脂光泽，微透明—透明，折射率 1.50，在短波紫外线下可发绿色或白色荧光，其中方解石在长波紫外线下发褐红色荧光。

2. 品种

根据矿物成分、色泽、质地等工艺美术要求，可将青金石玉石分成如下四种。

(1)青金石(Lazurite)：即"普通青金石"，青金石矿物含量大于99%，无黄铁矿，即"青金不带金"。其他杂质极少，质地纯净，呈浓艳、均匀的深蓝色，是优质上品。

(2)青金(Lapis lazuli)：其中青金石矿物含量为90%～95%或更多一些，含稀疏星点状黄铁矿，即所谓"有青必带金"和少量其他杂质，但无白斑。质地较纯，颜色为均匀的深蓝、天蓝、藏蓝色，是青金石中的上品。

(3)金格浪(Scarab Stone)：含大量黄铁矿的青金石致密块体。这种玉石抛光后像金龟子的外壳一样金光闪闪。这种玉石由于大量黄铁矿的存在，密度可达$4g/cm^3$以上。

(4)催生石(Hasten parturitian stone)：指不含黄铁矿而混杂较多方解石的青金石品种。其中以方解石为主的称"雪花催生石"，淡蓝色的称"智利催生石"。据说，古传这类青金石因能帮助妇女催生孩子而得名。

青金石色稳重，非常适用雕琢古色古香的庄重工艺品，例如佛像、龙、狮、怪兽、仿青铜器等。青金石韧性不强，抗断能力差，千层板性裂缝较多而隐藏，加工时要注意这个特点。

3.真假鉴别

青金石的鉴别主要注意与仿冒品的区别以及优化处理品的鉴别两个方面。

(1)仿冒品的鉴别：青金石的仿冒品较多，从目前市场来看，主要的仿冒品有方钠石、蓝铜矿、蓝线石石英岩、染色碧玉（瑞士青金岩）、熔结合成尖晶石、合成青金岩、染色大理岩、玻璃等。不过他的物理特征存在明显差别，组成以及所含的包裹体也明显不同。只要通过仪器测试获得上述结果，就不难将它们区分开来。

(2)优化处理品的鉴别：市场上常见通过上蜡、染色和粘合处理的青金石，上蜡和染色青金石的鉴别可参照其他玉石的对应处理品进行。对于粘合青金石，它是由一些劣质的青金石被粉碎后用塑料粘结而成，它在市场上的出现明显具有欺骗性。其鉴别方法是：用热针探测，会有塑料的气味出现；放大观察可以发现样品具明显的碎块状结构。

4.质量评价

青金石的质量根据颜色、所含方解石、黄铁矿的多少以及加工工艺而定，珍贵的青金石应为紫蓝色，颜色均匀，方解石和黄铁矿含量少甚至没有，工艺佳。上述某些方面存在缺陷都会严重影响青金石成品的价值。

10.6 寿山石

寿山石(Shoushan stone)因主要产于福建寿山而得名,是雕琢图章的重要原料,与浙江昌化石、浙江青田石、内蒙巴林石一道,被称为中国传统"四大印章石"。寿山石分布于福州市北郊晋安区与连江县、罗源县交界处的"金三角"地带。若以矿脉走向,又可分为高山、旗山、月洋三系。因为寿山矿区开采得早,旧说的"田坑、水坑、山坑",就是指在此矿区的田底、水涧、山洞开采的矿石。经过1500年的采掘,寿山石涌现的品种达数百种之多。

1. 基本性质

(1)组成:寿山石的主要组成矿物是迪开石,其次是珍珠石、高岭土、伊利石、叶蜡石、滑石、石英和绢云母等矿物杂质。化学成分变化大,实测化学成分与高岭石族矿物的理论化学组成较为接近。

(2)力学性质:寿山石无解理,贝壳状断口,摩氏硬度一般介于2.0～3.0之间,密度介于$2.5\sim2.7g/cm^3$之间,由于寿山石极致密的结构,因而其韧度较高,适用雕刻。

(3)光学性质:寿山石的颜色多种多样,主要有白、乳白、黄、淡黄等颜色,蜡状光泽,大多不透明—微透明,折射率一般为1.560～1.569,在长波紫外线下发乳白色荧光。

2. 品种

寿山石品种繁多,有的以产地命名,有的以不同的坑命名,有的以石质命名。基本上可归纳为"田坑石""水坑石""山坑石"和"掘性石"四大类。

(1)田坑石:是指水田里零星产出的寿山石,其中以黄色的品种最为珍贵,称"田黄石",简称"田黄",又称"黄田"。田坑石按产出位置又可划分为上坂田坑石、中坂田坑石、下坂田坑石和碓下坂田坑石四类,其中以中坂田坑石石质最佳,并可作为田坑石的标准。按颜色,田坑石又可划分为黄色、白色、红色和黑色四类,其中以黄色和红色为佳。按质地,田坑石还可划分为田石冻、硬田、搁溜石和溪管独石等品种。田石冻指质地温润、透明度高的品种。硬田指质地粗糙、不透明的品种。搁溜石指地表信手可捻的品种。溪管独石指沉积在寿山溪底的田黄石。

(2)水坑石:位于寿山溪坑头支流之源,采矿坑垌深入溪涧水下,因而称水坑石。水坑石产地由于地下水丰富,矿石多年受水侵蚀,多半为半透明,而且石质光泽也比较强,故寿山石中的许多"冻""晶"品种多产于此。

(3)山坑石:指分布在寿山、月洋两乡方圆几十公里内山坑中的寿山石。一般质地、透明度和颜色均低于田坑石和水坑石。

(4)掘性石:指掘于水坑石和山坑石矿硐附近的松软砂土层或拾于溪水中的块状玉石。按具体产状又可划分为掘性头石、掘性高山石、掘性都成石、掘性旗降石、寺坪石和溪蛋六类。

3. 真假鉴定

在鉴别寿山石中应该引起重视的是寿山石与仿冒品的鉴别、优化处理品的鉴别、拼合寿山石的鉴别、仿造田黄石的鉴别和不同品种的鉴别几个方面的问题。总的来讲,寿山石的鉴别较为复杂,也较为困难,正确的鉴别需要经过专门的训练,同时还需要相当丰富的实践经验。鉴赏者可参考专门的论著。

4. 质量评价

寿山石以田坑石为最佳,掘性石次之,水坑石又次之,山坑石最次。而每个种的寿山石又可按质地、色泽、净度和块度等对它们的质量作出进一步评价。

(1)质地:好的寿山石要求具备细、洁、腻、温、润、凝六方面优点,否则对其质量都会受影响。要具备上述六方面的优点,寿山石必须质地细腻,透明度好,石性纯洁。

(2)色泽:以色泽鲜艳纯正为佳。

(3)净度:以纯净无瑕、无裂纹、无砂钉者为佳。

(4)块度:越大越好。

10.7 鸡血石

鸡血石是中国特有的珍贵玉石,主要产于浙江昌化(称昌化石)和内蒙巴林(称巴林石),是上等的雕刻材料。之所以称鸡血石是因其中的辰砂色泽艳丽,红色如鸡血,因而得名,同时它也主要用于雕刻图章,也用于雕琢其他工艺品。

1. 基本性质

(1)组成:鸡血石主要由迪开石(85%～95%)、辰砂(5%～15%)组成,并含高岭石、埃洛石、明矾石、黄铁矿和石英等。其实测化学成分与高岭石族矿物的化学组成很相近。

(2)结构与构造:鸡血石为隐晶质—微晶质致密块状体,其外观似果冻,因而称冻石。

(3)力学性质:鸡血石无解理,贝壳状断口,摩氏硬度 2.13～3.36,一般 2.5 左右,由于结构致密,因而韧度很好,密度 2.53～2.68g/cm^3。

(4)光学性质：鸡血石颜色包括地的颜色和血的颜色两部分。地的颜色很多，有白、灰白、灰、黑、青、粉红、紫红、黄、绿、棕等色，其间还有许多过渡类型。血的颜色常呈鲜红色，主要由血中辰砂的颜色、含量、粒度及分布状态所决定的。半透明—微透明，蜡状光泽，折射率一般变化于 $1.55\sim1.60$ 间。

2. 品种

鸡血石品种的划分方案很多，按产地可分为昌化鸡血石和巴林鸡血石；按地的性质可分为冻地、软地、刚地、硬地四种；按地的颜色分为羊脂冻、红冻、芙蓉冻、藕粉冻、杨梅冻、黄冻、灰冻、黑冻、多色冻和瓷白地、红花地、石榴红地、朱砂地红地、瓜瓤红地以及刘关张、水草花、花生糕、羊脑冻、大红袍、红帽子等 20 余种。

3. 真假鉴定

鸡血石的真假鉴定主要要解决以下几个问题。

(1)仿冒品的鉴别：鸡血石由于含有特征的"鸡血"，一般不易与其他玉石混淆，但仍有少数几种玉石的外观与鸡血石存在相似之处。这几种玉石是血玉髓、朱砂玉、寿山石和染色岫玉等。血玉髓硬度明显大于鸡血石，其中血红色常呈斑点状，与鸡血石中的团块状、条带状形成明显差别，其他物理特征也明显不同；朱砂玉是含辰砂的脉石英，由于主体是石英，加之其中辰砂的分布主要呈星点状、丝状等，与鸡血石较易区别；寿山石中的桃花冻因其为散布有如同米粒大小的鲜红血点，宛如无数片艳丽的桃花花瓣飘浮在一泓清水之中而得名，但其分布特征与鸡血石明显不同；染色岫玉俗称"鸡血石"，市场上常用来仿冒鸡血石，但其明显具有染色特征，加之物理性质明显不同，因而也易于鉴别。

(2)假血鸡血石的鉴别：假血鸡血石用无血或少血的天然鸡血石上绘上红色假血而得到。鉴别时主要从血的特征、血形、硬度、辰砂矿物存在与否、借助于化学试剂等方面进行，便可得出真假鉴别结果。

(3)拼合鸡血石的鉴别：一般有拼接鸡血石和镶嵌鸡血石两种。鉴别时，只要认真，不难找到拼合的痕迹。

(4)人造鸡血石的鉴别：一般是以暗色不透明的塑料为地，在其上用辰砂粉末或红色有机颜料染上血，并在其外涂一层保护树脂，俗称"工艺鸡血石"。它的鉴别主要基于地子的特征、密度、热针探测、借助于化学试剂等进行，便可得到鉴别结果。

(5)不同产地鸡血石的鉴别：由于昌化鸡血石历史悠久、闻名遐迩，历来倍受文人墨客青睐，因此市场受欢迎程度以及价值都高于巴林鸡血石，为此存在鸡血石产地的鉴别问题。一般来看，昌化鸡血石的血色纯浓艳，而巴林鸡血石的血色偏暗，多呈暗红色。昌化鸡血石的血形多呈条带状、片状和团块状，略具方向性，而巴林鸡血石的血形多呈棉絮状、云雾状，无方向性；昌化鸡血石的血浓集，而巴林鸡血石的血清散;昌化鸡血石不易褪色,而巴林鸡血石易褪色;此外,在质地、硬度、韧度等方面也存在差异,只要有经验,不难区别两者。

4. 质量评价

鸡血石的质量好坏主要从下列几个方面考虑。

(1)血:血的好坏由血色、血量、浓度和血形四个方面决定。质量上乘的鸡血石要求血色艳而正,还要活,并要融于地之中,血量要多,越多越好,而且要浓,血形以团血和条带状较佳,点血次之。

(2)地:地的质量由颜色、透明度、光泽和硬度四个要素决定。要求地的颜色深沉而淡雅、半透明、强蜡状光泽、硬度小。

(3)净度:以无瑕疵、无裂纹者为佳。瑕疵和裂纹存在都会影响鸡血石的质量。

10.8 青田石

青田石因产于浙江省青田县而得名,与福建寿山石、浙江昌化鸡血石、内蒙巴林鸡血石一道,被列为中国四大图章石之一。青田石的历史可以上溯到1700多年前,在浙江博物馆藏有六朝时墓葬用的青田石雕小猪四只,在浙江新昌十九号南齐墓中,也出土了永明元年的青田石雕小猪两只。到了明代,许多青田冻石块料直接运销南京等地,被文人墨客作篆刻印材。青田石的石性石质和寿山石不大相同,青田石是青色为基色主调,寿山石则红、黄、白数种颜色并存。青田石的名品有灯光冻、鱼脑冻、酱油冻、封门青、不景冻、薄荷冻、田墨、田白等。

1. 基本性质

(1)矿物成分:青田石的主要组成矿物争议较大,有的认为是叶腊石(张更,1931;范良明等,1985),也有的认为是高岭石的三个多型矿物迪开石、珍珠陶石和高岭石(杨雅秀,1995)。基于目前的研究成果,青田石应该分类多种类型,青田石的大部分是叶腊石型,这种类型的青田石的主要组成矿物是叶腊石;部分是迪开石型、伊利石型和绢云母型,相应的主要矿物是迪开石、伊利石和绢云母。

(2)结构与构造:青田石为隐晶质—微晶质结构,块状构造。

(3)力学性质:无解理,贝壳状断口,摩氏硬度 2.00～3.00,由于结构致密,因而韧度很好,密度 2.50～2.70g/cm^3。

(4)光学性质:青田石颜色多种多样,主要有白、黄、绿、青、褐、黑等色,蜡状光泽,大多不透明—微透明,折射率一般变化于 1.50～1.60 之间。

2. 主要品种

青田石按其颜色、石质、透明度、纹理可分为20多个品种,其中一些品种与寿山石的某些品种相似,以冻石最为名贵。最珍贵和最著名的品种有封门青、灯光冻和五彩冻三种(戴苏兰,1999)。

(1)封门青:因产于青田封门山而得名,又名凤凰青、青冻。石质细嫩,微透明—半透明,其青绿色有深有浅,有白菜青、竹叶青、兰花青等颜色品种。以质地纯洁细腻,颜色明媚均匀无杂色者为藏石家所珍视。

(2)灯光冻:产于青田图书山(鹤山)的官洪洞。石质细嫩,色黑而富有光泽,与寿山石中的牛角冻有些相似。当用灯光映照,则发现其完全透明且并非黑色,而是红黄色或微黄色,恰若灯辉且莹洁如玉,故称灯光冻。

(3)五彩冻:是因其颜色和质地而命名的,其石质细腻,半透明至近于透明,其上多同时呈现多种颜色。质优者颜色柔和不乱,五彩斑斓,故称"五彩冻",这是非常稀有的珍贵品种。

3. 真假鉴别

青田石中的冻石与寿山石中的高山石很类似,但其不含萝卜纹。其中青田石是青田石中最丰富、数量最多的品种,市场上常见假品或伪品。主要作伪手法有拼贴法和模压法。拼贴法就是将封门青石料切成薄片,然后拼贴于普通方章的六个面。由于使用对角拼接工艺,较难识辨。此种假章应仔细检验边角线,从中寻找拼接的蛛丝马迹。

模压法就是用石料添加颜料拌胶水压制而成,这种假石章外观上色彩纯净,无裂纹,无杂质,微透明,体量大,十分诱人。有经验的人通过一摸、二听、三看、四试来鉴别:先用手摸,天然石感冰冷,假石易暖;再用手指弹之,天然石音沉,假石声脆;随后将其逆对强光,天然石章边缘有透明感至厚实处影调变化自然,假石章为增加重量,在章体内埋有铁条,隐约可见;最后可用刀刻石检验,真石将刻出石粉,而刻塑料制品,刀下可见卷曲的细丝。

4. 质量评价

青田石的质量高低通过质地的纯度、净度、颜色外观鲜艳度与纯正度、透明度等综合评价。纯度:要求石质纯净,结构细密,具有温润之感;净度:要求无杂质,具有清静之感;颜色外观:要求不邪气,具有正雅之感,光泽鲜艳,具有恒丽之感;透度:要求透明,具有冰质之感;灵度:要求有生命,气脉内蕴,光彩四射之感。

第十一章 珠宝皇后——珍珠

11.1 历史与传说

珍珠的英文名称为 Pearl,源于拉丁语 Pernnla,意为大海之骄子。人类对珍珠的认识和开发利用具有悠久的历史,早在距今 10 000～4 000 年的新石器时代,当原始人类沿着海岸和河流找寻食物时,就发现了珍珠,从此,它一直受人类所珍爱,被认为是财富的象征。据《圣经》的开篇"创世纪"记载:"在伊甸园流出的比逊河,在那里有珍珠和玛瑙"。在当今的珠宝界,珍珠被誉为钻石、红宝石、蓝宝石、祖母绿和猫眼石等五大珍贵宝石的"皇后",并与月光石和亚历山大石同视为六月生辰石,象征健康、长寿和富有。在宗教中珍珠也具有极高的声誉,据《法华经》《阿弥陀经》等记载:珍珠是"佛家七宝"之一。

我国是世界上最早发现、采捕和使用珍珠的国家之一。据《海史·后记》记载,早在距今 4 000 年前禹帝定"南海鱼革玑珠大贝"为贡品,说明中国采珠历史早在 4 000 年前就开始了。在《诗经》《山海经》《尔雅》《管子》《周易》等我国最早的史料中均有我国开发天然珍珠的历史记载,例如在《格致镜原·妆台记》中记载周文王用珠花装饰发髻的史实,说明我国饰用珍珠至少始于周。自秦汉以后,珍珠饰用日渐普遍,帝王、皇妃、达官、巨贾无不以珍珠装饰为荣。由于需求量增加,必然加强采捕,在 2 000 多年前的汉朝,中国当时的珍珠采捕就已形成相当大规模。北方以牡丹江、混同江流域所产的淡水珍珠为代表,称为北珠(古称东珠),南方以广西合浦县产的海水珍珠为代表,称南珠。随后,各朝逐步发展,至明清两代珍珠的开采达到顶峰。明代万历陵墓中出土的两顶做工精细的凤冠上,就装饰有 5 000 多颗珠宝,但其中绝大多数是珍珠。清乾隆皇帝的龙袍就是以珍珠缀结各种吉祥图案。国民党军阀孙殿英在盗掘慈禧太后的陵墓中发现珍珠多得用斗量,其中镶嵌在凤冠上的一颗大珍珠竟重达四两,约相当于现代 125g(625ct)。至于在被、袍、帐上所装饰的珍珠不计其数,可谓价值连城。

中华民族不仅是世界上最早有珍珠文字记载的国家,也是世界上最早发明人工养殖珍珠的国家。宋代庞云英所著《文昌杂录》中记载了珍珠最早的养殖方法:

"据礼部侍郎谢公曰：有一养珠法，以今所作假珠，择光莹圆润者，取稍大蚌蛤，以清水浸之，伺其开口，急以珠投之，濒换清水，夜置月中蚌蛤来玩月华，比经两秋即成珠矣"。以珠核投进蚌体内经两年的养殖即成为珍珠这一大胆设想在当时不但进行了实践而且变成了现实。从现在国内某些博物馆所收藏的宋代佛像珠就证明了这一事实。这一简单的养殖方法尽管当时尚未形成一定的科学理论，但它与现代的养殖方法已经相当接近了。这一养殖方法比西欧17世纪中叶所发现的珍珠养殖方法早600多年。1880年，日本人御木本幸吉采用中国古老的养珠法，将各种不同物质放入蚌体内养殖，结果形成了各式各样的珠法。经过一系列的努力，御木本幸吉于1905年找到了养殖圆珠的奥秘。自此以后，日本养珠业逐渐兴旺起来，日本养殖珍珠从此一直领先于世界，御木本幸吉也成为了世界养殖珍珠之父。

改革开放以来，我国珍珠产业可谓是日新月异，尤其是人工养殖珍珠业的发展更为迅速，目前中国人工淡水养珠年产量超过1 500t，占全球工人养殖珍珠产量的95%以上。

在古代，由于受到科学技术水平的限制，人们对珍珠的形成不可能作出科学的解释，于是在世界各国都编织出许多珍珠形成的神话与传说。扑里尼乌斯博物志写道："珍珠是海底的贝浮到海面后，吸收了从天上掉下来的雨露而育成的"；古代印度教说："珍珠是随着牡蛎的出现而产生的，牡蛎打开贝壳时，落在贝中的雨点不久就变成了珍珠"；在日本的古事记、记书等典籍中亦均能见到大致相同的说法；中国民间亦有"千年蚌精，感月生珠""露滴成珠""神女的眼泪""鲛鱼的眼泪成珠"等说法。宋应星的《天工开物》记载："凡珍珠必产蚌腹，映月成胎，经年最久，乃为至宝"。我国还流传其他成珠神话，如"凡蚌闻雷则瘦癯，其孕珠如怀孕，故谓之珠胎"。在明代李时珍的《本草纲目》中称有龙珠、蛇珠、鱼珠、鲛珠、龟珠等记载，并详述了这些贝类以外动物生长珠的部位："龙珠在颌，蛇珠在口，鱼珠在眼，鲛珠在皮，龟珠在足"。

在各种神话与传说中，泪水成珠的故事在全球的流传最广，其中又有仙女的泪、美女的泪、丑女的泪、幸福的泪或忧伤的泪等不同的说法。《鱼公主泪水成珠》的故事是这样的，曾有一个名叫四海的珠民，采珠遇风翻船沉入大海，并遇到海怪侵犯，四海奋力搏斗，海怪不敌跑了，但四海因伤昏迷。醒来时，四海发现自己却躺在水晶床上，一位美丽的故娘正在温存地替他抚伤，她自称为鱼公主，因慕君英勇，故此相救，四海在鱼公主的照顾下很快伤愈。四海与鱼公主两情相悦，终成眷属。公主随四海降谪人间，回到四海居住的白龙村，乡亲们既庆幸四海大难不死，更羡慕他娶到如此美丽的妻子，全村热烈庆祝了一番。公主入乡随俗，粗食素衣，勤操家务，小两口生活过得丰衣足食，远近闻名。珠池太监的爪牙对四海之妻的美丽垂涎三尺，于是设法构罪于四海，并强夺公主以抵罪，四海奋力保护妻子，但被爪牙乱棒打死。公主施法逃回水府,十分悲痛。为悼亡夫,公主每遇月明波平之夜,她都在岛礁上面向白龙村痛哭,一串串眼泪也随之落入海中,珠池中的珍珠贝个个张口把公主的泪接住,并因而孕胎成珠,所以白龙池的珍珠特别多,又特别大,是因为出自纯洁心灵的鱼公主眼泪所化之故。

11.2 基本性质

11.2.1 成分

1. 化学成分

珍珠的化学成分主要由三部分组成,即无机质、有机质和水,但不同种类的珍珠在含量上略有差别。其中有机成分是角质蛋白(或固蛋白)和氨基酸,而无机成分主体是碳酸钙;此外,还有30多种微量元素,如Si、Na、K、Fe、Al、Ti、V、Sr、Mn、Cu、Ag等。一般而言,珍珠所含无机物为91%~96%,有机质为3.5~7%,水为0.5%~3%。

2. 矿物成分

珍珠和贝壳的主要矿物成分为文石和方解石,另有微量的其他矿物。珍珠层主要是由文石组成,占95%以上,可能混有少量的方解石;贝壳中的棱柱层主要由方解石和文石组成。

11.2.2 物理性质

1. 力学性质

(1) 解理:无解理。
(2) 硬度:摩氏硬度为2.5~4.5。
(3) 密度:2.60~2.85g/cm^3。
(4) 弹性:珍珠一般呈球形,又因它由许多薄层构成,所以韧性和弹性都比较大。

2. 光学性质

(1) 颜色:一般由本色和伴色两部分组成。本体颜色又称为体色或背景色,它取决于珍珠本身所含的各种色素和致色元素。珍珠本身的色彩最常见的为白色,还有粉红色、杏黄色、紫红色、蓝灰色和黑色等。伴色是加在本体颜色之上的,是由珍珠表面透明层状结构对光的衍射和干涉等作用形成的。最常见的伴色有粉红、蓝和绿色等。

(2)光泽:珍珠表面呈现独特的珍珠光泽。光泽强弱和好坏主要取决于珍珠层的厚度、珍珠层的排列方式、透明度及表面形貌等。

(3)透明度:半透明—不透明,大多为不透明。

(4)光性特征:为非均质集合体。

(5)折射率:1.53～1.686。

(6)发光性:在长、短波紫外灯下,珍珠可呈现无—强的荧光特征,黑色珍珠在长波紫外线下呈现弱—中等的红色、橙色荧光。其他颜色珍珠呈现无—强的浅色、黄色、绿色、粉红色荧光;在 X 射线下,除澳大利亚产的银白色珍珠有弱荧光外,其他天然海水珍珠均无荧光,养殖珍珠有弱至强的黄色荧光。

(7)吸收光谱:珍珠无特征的吸收光谱。

(8)X 射线衍射特征:其劳埃图有两种。无核珍珠呈假六方对称的衍射斑点花样,有核珍珠呈假四方对称的衍射花样(图 11 - 1)。

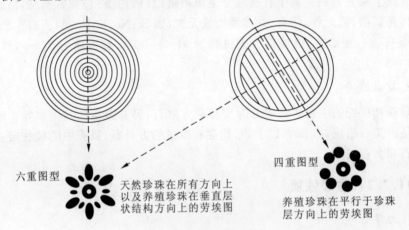

图 11 - 1　珍珠的劳埃图

(9)X 射线照相:在 X 射线照相的照片上,天然珍珠和无核养珠从中心到外壳显同心圆层状结构,有核养珠则显示中心明亮的核及核外的暗色同心层状构造。

3.其他性质

(1)热性质:如果对珍珠加热,珍珠将脱水,变脆,破裂直至破碎。

(2)化学稳定性:酸对珍珠有腐蚀作用,所以需要注意对珍珠实施良好的保护。

(3)辐射:辐射会使珍珠颜色发生改变。

11.2.3 结构及表面形貌

1. 结构

珍珠主要是由大量的碳酸钙和少量的有机质组成,优质的珍珠其碳酸钙主要是由斜方晶系的文石晶体组成,有机质是由壳角蛋白(角质)组成。一颗珍珠有无数的珍珠层,每层珍珠层是由六边形的文石晶粒呈板状排列而成,晶粒的C轴呈放射状排列,晶粒和每层珍珠层之间都由壳角蛋白粘结起来(图 11-2)。每个珍珠层的厚度是非常薄的,大约 1 000 层的厚度仅有 0.5mm。珍珠的大小取决于产珠软体动物的品种、个体大小、生活的环境(包括气温、水质等)、育珠的时间和生长的季节等因素。

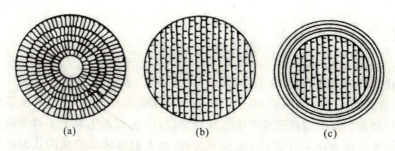

图 11-2 珍珠的结构示意图
(a)天然珍珠;(b)珠母壳磨的小球;(c)人工珍珠

2. 表面形貌

珍珠表面形貌根据贝、蚌生理状态、分泌物性质、年龄、生态环境和水中营养成分等不同会有很大变化。在理想状态下,其表面应是光滑干净的,实际上珍珠表面经常出现许多瑕疵(如沟纹、瘤刺、斑点等),在显微镜下可看到珍珠表面由各薄层堆积所留下的各种形态花纹,大致有平行线状、平行的圈层状、不规则条纹、旋涡状、花边状,很像地图上的等高线,也有完全光滑无条纹的。

11.2.4 产地

1. 天然珍珠

(1)淡水珍珠:世界上天然淡水珍珠主要产于苏格兰、英格兰、威尔士、爱尔兰、法国、德国、奥地利、密西西比河及其支流、亚马逊河流域、孟加拉国和中国等。

(2)海水珍珠:世界上产天然海水珍珠的国家主要有波斯湾诸国、马纳尔湾、委内瑞拉、墨西哥、红海、日本和中国等。中国的海水珍珠主要产于北部湾及广东沿海,以中越交界的北仑河以东防城县白龙尾岛、钦州湾龙门港、合浦县营盘、山口镇、北海、广东海康、海南岛陵水县至三亚一带海域最为著名。

2. 人工养殖珍珠

(1) 淡水养殖珍珠:世界淡水养殖珍珠主要产于日本列岛中部琵琶湖和霞浦湖、塔希堤岛、澳大利亚、印度尼西亚、菲律宾、泰国和缅甸等国家。我国的淡水养殖珍珠主要分布在江浙一带,以浙江诸暨的养殖珍珠质量为最好,产量占全国一半以上。

(2) 海水养殖珍珠:世界上的海水养殖珍珠主要分布于日本的长崎、广岛、高知、神户、三重、熊本等,其中三重县为世界优质海水养殖珍珠的著名产地,珠径可达 9~10mm;我国则主要分布于南海及北部湾海域,历史悠久的广西合浦珍珠,色泽艳丽,质地优良,在国际市场上销路甚佳。

11.3 形成机理

珍珠的玲珑雅致、晶莹瑰丽引起人们无限遐想,她是海里特有的宝贝和艺术品,是大自然慷慨丰厚的赐予,不经任何加工雕琢就非常美丽,自古以来是珠宝群体中的佼佼者。对于她的形成产生了种种传说,但这些说法都是不科学的。科学一般总是要经历神秘—启蒙—认识这一过程,而人们对珍珠形成的认识过程也是这样的。珍珠是生长在河蚌或珍珠贝这种软体动物的体内,珍珠的形成起源于珠核,珠核可能是一个微小的海洋生物,一个寄生虫或一粒细砂,甚至是软体动物体内的不良组织硬节。一般情况下,正常生活的软体动物是不会形成珍珠的,只有在下面几种情况下,才可能形成珍珠(图 11-3)。

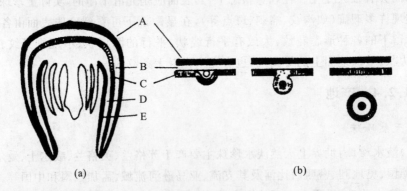

图 11-3 珍珠在软体动物中的形成过程示意图
(a) 双壳类动物横切面图;(b) 珍珠囊的形成;A. 壳的外层;B. 珍珠层;
C. 外表皮层;D. 结缔组织;E. 内表皮层;C+D+E. 外套膜

(1) 当软体动物生长环境中的异物(如砂粒、寄生虫等)侵入到其体内的外套膜组织中时,外套膜的结缔组织和表皮细胞受到刺激并分泌出珍珠层,逐渐将外来物一层层地包裹起来并形成同心球状珍珠,随着时间的推移珍珠慢慢长大。

(2) 若侵入软体动物的外来异物紧靠或粘于壳壁上,通常不能形成游离于结缔组织中的珍珠囊,外表皮细胞不断向外来物分泌珍珠质后逐渐长大,并附着在壳壁上,就形成了附壳珍珠,这种情况十分普遍。

(3) 动物体内并没有外来物的侵入,而是因外套膜的表皮本身发生病变使细胞增殖,或因受伤细胞脱落,部分外表皮细胞由于某种原因进入外套膜结缔组织中,形成一个小的珍珠囊,珍珠囊中的表皮细胞会腐败气化,形成不规则空洞。随着珍珠质的不断分泌,就形成天然无核珍珠。

珍珠在生长过程中不但受外界自然条件的影响,而且受珠母贝种类、大小和珍珠在软体动物中的生长环境等的影响。珍珠的外形多种多样,尺寸变化也很大,从几乎看不见的尘状小珍珠到一颗几十克拉重的大珍珠。形状除圆形外,还有椭圆形、梨形、水滴形、扁平形、钮扣形、圆柱形、畸形等。规则形状的珍珠一般在结缔组织和内表皮层中形成,不规则形状的珍珠一般在外表皮层中形成,疤状、钮扣状的异形珍珠一般附于壳壁上。

11.4 分类及品种

11.4.1 成因分类

根据成因,珍珠可以分为天然珍珠和人工养殖珍珠两大类。

1. 天然珍珠

它是在自然环境下野生的贝类形成的珍珠。天然珍珠可形成于海水、湖水、河流等适合生长的各类环境中。这类珍珠十分稀少,价格昂贵。

2. 人工养殖珍珠

它是在自然环境中,在人工培养的珠蚌中,人为地插入珠核或异物,再经过培养,逐渐形成的珍珠。在目前的珍珠市场上,大部分都是人工养殖的珍珠。人工养殖珍珠按珠核和异物的特征又可进一步分为有核养珠、无核养珠、再生珍珠、附壳珍珠几种类型。

(1) 无核养珠:将取自活珠母蚌的外套膜小切片插入三角帆蚌或其他珠母蚌的结缔组织内,就像天然珠母贝、蚌类中的异物进入一样,以生成与天然珍珠基本相同的无核珍珠。

(2)有核养珠:将制作好的珠植入贝、蚌体内,令其受刺激而分泌珍珠质,将珠核逐层包裹起来而形成的珍珠。

(3)再生珍珠:再生珍珠是指采收珍珠时,在珍珠囊上刺一伤口,轻压出珍珠,再把育珠蚌放回水中,待其伤口愈合后,珍珠囊上皮细胞继续分泌珍珠质而形成的珍珠。

(4)附壳珍珠:它是由一颗插入核养殖的半球形珍珠和珠母贝壳组合而成。珠核一般用滑石、蜡和塑料制成。

11.4.2 按产地分类

1. 东珠

这是采于波斯湾的天然珍珠,波斯湾是珍珠的著名产地之一,产珠的软体动物主要是 Pinctada vulgaris,珍珠颜色一般为白色,奶油白色,具有带绿色的强珍珠光泽,粒径在 10mm 以内。

2. 南洋珠

一般指在南海一带(包括缅甸、菲律宾和澳大利亚等地)生产的珍珠,产珠的软体动物主要为 Pictada maxima。珍珠的特点是粒径大,形圆,珠层厚,颜色白,具有强的珍珠光泽,是珍珠中的名贵产品。

3. 日本珠

它是日本的海水养珠,产珠的软体动物主要为 Pintada funcata,现在韩国、中国和斯里兰卡也有生产。珍珠的特点是形圆,色白,常见的大小为 2～10mm。

4. 大溪地珠

主要产于赤道附近玻黑尼亚群岛的大溪地,产珠的软体动物为 Pinctada、margaritifera,珍珠颜色为天然黑色,带有绿色伴色,光泽极好,有金属光泽的感觉,此品种较为名贵。

5. 琵琶珠

它是日本琵琶湖中产的淡水养珠,产珠的软体动物为 Hyriopsis schlegeli。珍珠的特点为椭圆形,表面光滑,为淡水养珠的优质产品。

6. 南珠或合浦珍珠

它是我国广西合浦所产的海水珍珠,产珠的软体动物为马贝、大珍珠贝等。因产珠环境好,珍珠的质量极优,形圆,光泽强,为世界珍珠之冠。

7. 北珠

它是产于我国北方的牡丹江、黑龙江、鸭绿江、乌苏里江等地的淡水珍珠。早在2 000多年前的汉朝就有历史记载,珍珠质量比其他淡水湖更优。到明末以后,由于采捕无度,致使资源根绝。在清朝,当时皇室中的皇冠、龙袍等饰物上都是用北珠来装饰,那时也把北珠称为"东珠"。

8. 太湖珠

太湖是我国江、浙一带的淡水养殖珍珠的重要基地之一,产珠的软体动物以河蚌类为主,尤其用三角蚌培养的珍珠是其中的佼佼者,其特点是表面褶皱少,圆润柔和,光泽明艳。我国的淡水珍珠除上述产地外,还有安徽、湖南、江西、四川等地。

9. 西珠

西珠广义上是指产于大西洋的珍珠,狭义上是指产于意大利海域的珍珠,主要是海水珍珠。由于当地水质越来越差,西珠的产量已越来越少。

11.4.3 按产出环境分类

1. 海水珍珠

它是指海水贝类产出的珍珠,按其成因可进一步分成天然海水珍珠和人工养殖海水珍珠两大类。海水珍珠质量一般比淡水珍珠高。

2. 淡水珍珠

它是指淡水蚌类产出的珍珠,一般产于各类湖泊、江河和溪流中。中国是淡水珍珠的主要生产地,占国际淡水珍珠的95%,其次是日本和美国等。

11.4.4 按珠母贝分类

1. 马氏贝珍珠

海水养殖珍珠的珠母贝90%是马氏贝。这种珍珠是市场最常见的海水养殖珍珠。

2. 白蝶贝珍珠

它是海水养殖珍珠另一种珠贝类型。

3. 企鹅贝珍珠

它属于海水珍珠,这种珍珠颗粒较大,质量也较好,但产量较低。

4. 三角帆蚌珍珠

这是淡水养殖珍珠的主要品种,占市场的95%以上。

5. 褶纹冠蚌珍珠

它类似于三角帆蚌珍珠。由于其生长速度较快,珠质多皱纹,质量较差,产量也较低。

6. 黑蝶贝珍珠

其90%以上产自塔希堤(Tahiti),颜色有黑、灰、蓝、绿及棕色等。

7. 海螺珍珠

这是产于生活在加勒比海的粉红色大海螺体内,珠子通常粉红色,中间也有白色或咖啡色,它们具有独特的火焰似的表面痕迹,质优的形状通常是椭圆形,两侧对称,阿拉伯人及欧洲人对此情有独钟。

8. 鲍鱼珍珠

在鲍鱼体内生产的珍珠,颜色艳丽,与欧泊的变彩一样,有绿、蓝、粉红、黄等色的组合,其形态不一,质量极高的鲍鱼珍珠价值很高,产地主要有新西兰、美国、墨西哥、日本及韩国。

9. 澳氏文拿珠

它产在鹦鹉螺体内,属软体动物门中的头足纲,与马鼻珠一样,这种珠子中间被玻璃填满,底部又加一层,价格较便宜,常用于耳环及吊坠等饰品上。

11.4.5 其他分类

1. 按颜色分类

珍珠按所呈现的颜色可分为:白色珍珠、黑色珍珠、粉色珍珠、金色珍珠、紫色珍珠、黄色珍珠、杂色珍珠和染色珍珠等。

2. 按形态分类

按照珍珠的形状可分为圆珠、椭圆珠、扁形珠、异形珠等。

3. 按大小分类

按照珍珠的大小有许多分类方案。一般按大小分为下列六类:
(1) 厘珠:直径小于5mm的珍珠。
(2) 小珠:直径为5~5.5mm的珍珠。
(3) 中珠:直径为5.5~7mm的珍珠。
(4) 大珠:直径为7~7.5mm的珍珠。
(5) 特大珠:直径为7.8~8mm的珍珠。
(6) 超特大珠:直径大于8mm的珍珠。

11.4.6 仿制珍珠

这是一类由人工制作的用来仿冒珍珠的材料,根据材料性质和制作方法可分为下列几种。

1. 塑料珠

这是由塑料制成的珠子,外面涂有珍珠颜料,看起来很漂亮,其特点是手感很轻。

2. 玻璃珠

在 17 世纪,一位法国玫瑰厂家的祖坤(Joquin),发现洗过鱼的水留下一种闪光的物质,他使用这些物质浓缩制成珍珠颜料。1656 年祖坤便开始仿制珍珠,他是用空心的玻璃珠子浸入酸性气体中,将玻璃的光泽除去,然后用他发明的珍珠颜料涂在珠子内部,再放入蜡或胶使珠子重量增加,这类仿制品在古老的首饰品中常出现。

3. 实心玻璃珠

也称马约里卡珠(Majorca),是西班牙人发明的仿珍珠,由于工序精细,可以假乱真,享誉各国。马约里卡珠是由乳白色的玻璃制成核,然后在表面涂上一种特殊的用鱼鳞制成的闪光薄膜。优质的仿制珠,要涂上 30 多层,每层需在不同的时间涂上,这样可产生光的干涉和衍射,使表面形成灿烂的色彩。这种仿制珠外形与海水养殖珠极相似,常被镶嵌于现代款式的 K 金首饰上,产品畅销全球。

4. 贝壳珠

用贝壳磨成珠子,然后在珠子表面涂上珍珠颜料,制成贝壳珠。

11.5 真假鉴别

珍珠的鉴别主要包括:真珍珠与仿珍珠的鉴别、天然珍珠与养殖珍珠的鉴别、淡水珍珠与海水珍珠、有核养珠和无核养珠的鉴别、未处理珠与处理珠的鉴别等几个方面。

11.5.1 真珍珠与仿珍珠的鉴别

1. 直观法

直观法是最简便易行的方法,直接用肉眼观察,如果是串珠,其颜色、形状、大小、光泽都一致的话,极有可能是仿珍珠。由于真珍珠是从不同的动物个体中取出的,绝不可能完全一致。

2. 感觉法

通过手或舌的感觉,真珍珠有凉感,仿珍珠则无;用手或牙轻磨,感觉光滑者是仿珍珠,有粗糙感的为真珍珠;用手掂,仿珍珠的塑料制品很轻,玻璃制品较重。

3. 放大观察法

用10倍放大镜仔细观察真珍珠表面能见到生长纹理,仿珍珠表面光滑;在珍珠的钻孔处明显粗糙,或常见到薄层剥落的现象,这是仿珍珠,真珍珠很少有这种现象。

4. 弹跳法

从60cm高处掉在玻璃板上,真珍珠弹跳高度为20~25cm,而仿珍珠在15cm以下。这种方法可能会对珍珠产生损伤,应该谨慎使用。

5. 盐酸反应法

用稀盐酸少许滴在表面,真珍珠立即起泡,而仿珍珠无反应。此方法对珍珠表面有损害作用,谨防使用。

6. 紫外线荧光法

真珍珠在紫外线下产生淡黄或淡白的荧光,这是由于珍珠层中含有蛋白质所致,而仿珍珠不产生荧光。

7. 物理性质测试

真珍珠与仿珍珠的物理性质(如折射率、密度等)存在较大差别,通过测试物理性质,较易将它们区分开来。

11.5.2 天然珍珠和养殖珍珠的区别

由于天然珍珠产量少,价格昂贵,远不能满足消费者的需求,故出现了人工养殖珍珠,养殖珍珠按养殖环境有淡水养殖珍珠和海水养殖珍珠之分,按有无珠核又有有核养殖珍珠和无核养殖珍珠之分。对于有核养殖珍珠,由于珠核的存在,加之珠核主要由贝壳制成,因此,导致有核养殖珍珠与天然珍珠间内部结构和珍珠层结构存在明显的差别。鉴别时可主要根据这种结构差别加以区分,淡水无核养珠与天然珍珠间也在许多方面存在差别。为此,天然珍珠与养殖珍珠的鉴别方法可归纳如下。

1. 肉眼及放大观察

天然珍珠质地细腻,结构均匀,珍珠层厚,光泽强,多呈凝重的半透明状,外形多为不规则状,直径较小;养殖珍珠多为圆形、椭圆、水滴形等,直径较大,珍珠层较薄,珠光不及天然珍珠强,表面常有凹坑,质地松散。无核养殖珍珠的外形很特征,并具鉴定意义。无核养珠一般都不同程度趋于蛋形,即一端比另一端尖,即使接近圆形,也仍然是一端比另一端尖。

2. 强光照明法

天然珍珠看不到珠核与核层条件,无条纹效应;有核养珠可以看到珠核、核条带,大多数呈现条纹效应。

3. X 射线照相法

天然珍珠劳埃图呈假六方对称图案斑点;有核养殖珍珠呈现假四方对称图案的斑点,仅一个方向出现假六方对称斑点。

4. 紫外线摄影法

天然珍珠阴影颜色较均匀一致;有核养珠在核层与光线垂直情况下,产生深色阴影,仅周边颜色较浅。

5. 荧光法

天然珍珠在 X 射线下大多数不发荧光;养殖珍珠在 X 射线下多数发荧光和磷光(蓝紫色、浅绿色等)。

6. 内窥镜法

这种方法使用的是一种空心的金属针,在针的两端装有与针的延长方向成 45°角的镜子,并彼此呈 90°角,在空心针的一端用强光照射,光线通过第一个镜子反射到珍珠内壁,如果是养珠,光反射到内壁后沿核内平行层传播,一直能穿透薄的珍珠层,使得在显微镜一端看不见光线;如果是天然珍珠,光线射到内壁后,光因全反射而绕珍珠层内传播,最后投射到第二个镜面上,这种情况下,在另一端的显微镜上便能观察到光线的闪烁(图 11-4)。

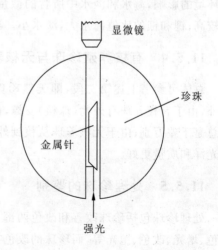

图 11-4 内窥镜法鉴定珍珠原理示意图

7. 磁场法

把圆形珍珠放在磁场内,如果是养珠,其珠核受磁化后,总要转到平行层走向与磁力线平行的方向,而天然珍珠无核,故无此现象(图 11-5)。

8. 重液法

一般养珠因有珠核,比重较大,天然珍珠较轻,因此,往往在 2.71 的重液中天然珍珠大都上浮,而养珠普遍下沉。这种方法可能会损伤珍珠层,应谨慎使用。

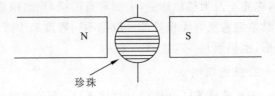

图 11-5　磁场法鉴定珍珠原理示意图

11.5.3　淡水珍珠和海水珍珠的鉴别

淡水珍珠和海水珍珠的鉴别目前有一定困难。总的来说,海水养珠比淡水养珠质量好,光泽更强,外形更圆正,颗粒更大。因为海水养珠都用有核珍珠,其珠核圆正,外形也就圆正。另外海水的育珠贝个体大,它能承受较大的珠核,培养的珍珠也大,珍珠层厚,光泽强。而淡水养珠目前多用无核法培育,其外形形状各异,大多呈椭圆形、扁圆形、馒头形、不规则形等,正圆形较少,表面常有螺纹状饰纹。但要对淡水珍珠和海水珍珠作更加确切的鉴定,目前还没有一种可靠无误的方法。有人提出用珍珠中所含微量元素进行鉴别的方法值得考虑。其根据是珍珠的生长受环境的影响,海水和淡水中所含的微量元素不同。一般说来,海水中钾、钠的含量较高;锶和钡的比值海水大,淡水小。当然这还是一个有待深入研究的课题。

11.5.4　有核养殖珍珠与无核养殖珍珠的鉴别

总体可参考上述第二段,即天然珍珠与养殖珍珠(有核养珠部分)进行鉴别。另外,由于有核养珠有外物(珠核)支撑,因此其外形总体比较规整,而无核养珠外形总是千差万别;由于无核养珠从核到外均由珍珠层构成,珠层厚,养殖时间长,因此光泽和质量更好。

11.5.5　处理珍珠的鉴别

处理珍珠包括珍珠改善和改色两部分内容。珍珠的改善方法主要包括漂白、增色、增光、改色、抛光等,而珍珠的改色方法有染色、辐照等,通常把珍珠染成黑色或用各种射线将珍珠辐照成黑色来仿黑珍珠。除此之外,市场上还有改色而成的红色、绿色、蓝色、金色等珍珠。由于珍珠改善一般是必要的过程,因此,以下主要对改色珍珠的鉴别方法作简要说明。

1. 肉眼观察法

在串珠中,如每粒珍珠颜色都一样,一般是染色的特征;天然色在外观上很柔和,并有伴色,所以每粒珠的颜色虽一致,但一定还有区别。天然黑珍珠其实不是纯黑色,而是带有蓝或紫色的伴色。

2. 放大镜观察法

染色珍珠在钻孔中能见到染色剂的堆积,有时可见绳子上也被染色。

3. 紫外线照射法

人工养殖的黑珍珠的珍珠层一般不发荧光,但在紫外线的照射下,在小凹陷中仍能发出淡黄色或白色的荧光,而在长波紫外线下发出粉红色或红色的荧光。而染色黑珍珠在任何情况下不发荧光。

4. 粉末法

染色黑珍珠的粉末为黑色,而自然黑珍珠其粉末为白色。此法对珍珠有破坏作用,不能随意使用。

除上述常规方法外,还可以利用红外光谱、拉曼光谱、X射线粉晶衍射及扫描电镜等先进的测试技术来鉴别不同类型、不同成因的珍珠,如海水养殖珍珠和淡水养殖珍珠、天然珍珠与染色珍珠、天然珍珠与辐射处理珍珠等。

11.6 质量评价

珍珠的质量评价因素主要从光泽、颜色、形状、大小、瑕疵等方面进行。

1. 光泽

珍珠的美丽、高雅很大程度上归结于光泽。珍珠的光泽是指珍珠表面反射光的强度及映像的清晰程度。珍珠光泽的产生是由其多层结构对光的反射、折射和干涉等综合作用的结果。光泽的强弱与珠层厚度有关,珠层越厚,光泽越强,珍珠表面越圆润、越均匀,光泽越强。质量高的珍珠光泽明亮、锐利、均匀,表面似镜面,映像清晰。若光泽弱、不锐利、不均匀,映像不清,则珍珠的价值将不高。

2. 颜色

珍珠的颜色包括体色、伴色和晕彩色等方面,几种颜色搭配越好,珍珠的价值越高,例如中国合浦珍珠,由于南海的水温稳定,水质好,阳光充裕,所产珍珠的颜色主体为白色,光泽良好,并伴有晕彩和粉红伴色,因此价值较高。又如产于南太平洋的塔希堤珍珠,其体色为黑色、深灰色,同时它的伴色和晕彩丰富多彩,深受世界各国人民欢迎。

颜色是评价珍珠的重要指标,但不同地区、不同民族对颜色有不同的爱好。中国人大多喜爱白色、粉红色珍珠,而不喜欢黄色的珍珠;日本人同为黄皮肤,对于银白色的珍珠较为喜欢,而同时又喜欢金黄色的珍珠;中东人、南美洲人的黝黑肤色就偏爱黄色珍珠;欧洲人普遍喜欢黑色珍珠和彩色珍珠等。

3. 形状

珍珠的形状是指珍珠的外部形态。由于珍珠的形成受众多因素的影响,其形状以球形为主,如圆形、椭圆形、水滴形等,此外还有不规则的异形珍珠。一般而言,珍珠按长短径之差可划分为正圆、圆形、椭圆形、畸形四种,并且以正圆珍珠价值最高,其后依次是圆形、椭圆形、畸形。但有的时候,畸形珍珠如果经巧妙地设计和应用,也会达到意想不到的美学效果,具有极高的艺术价值。

4. 大小

珍珠的大小是指单粒珍珠的尺寸。珍珠的大小与价值存在着密切的关系,是影响价值最重要的因素之一。一般来讲,珍珠越大,价值越高。中国旧有"七分珍,八分宝"的说法。就是说达到八分重(按大小计算约为直径 9mm 的圆形珠)的珍珠就是"宝"了。

5. 瑕疵

珍珠的瑕疵常见的有腰线、隆起(丘疹、尾巴)、凹陷(平头)、皱纹(沟纹)、破损、缺口、斑点(黑点)、针夹、划痕、剥落痕、裂纹及珍珠疤等,瑕疵的多少明显影响着珍珠的质量。总的来讲,瑕疵越少,珍珠的价值越高。

6. 搭配的协调程度

珍珠可制作成各式各样的首饰,对单粒珍珠制成的首饰,其质量从上述五方面评价就可以了,但对由多粒珍珠组成的饰品,除对所有单粒珍珠按上述标准进行评价外,还必须重视将整件饰品作为统一体进行评价。一串珍珠混合在一起需要感觉每一颗都非常的协调合一,谓之对称。一对珍珠耳环、一串珍珠项链、一个珍珠胸饰,都会随珍珠的对称与否而塑造出佩戴者不同的品位,对称越高,越会产生高贵、细腻、协调、完美、时尚等感觉,价值就越高。

第十二章 其他有机宝石

12.1 珊 瑚

珊瑚(Coral)是自古深受中外人士普遍喜爱的有机珠宝品种。我国汉代称之为"烽火树",取其形如树、色如火的特征。大致说来,珊瑚被分为两类:一类是我们常见的珊瑚礁体,质地疏松,无法加工成为美丽的饰品,只能供观赏用;另一类则是贵重的珊瑚,其生长极为缓慢,其色泽丰富美丽,质地致密,是宝石级的珊瑚,也是人们所重视的海中珍宝,所以古罗马人又称之为"红色黄金"。珊瑚不但代表着权势与地位,而且在古老的传说中具有防灾避祸并赋予人们智慧的能力,小孩身上经常佩挂珊瑚树枝可保护他们避免发生危险,这种信念一直持续到20世纪,至今意大利还流行用珊瑚做避邪护身符的习俗。佛教界视珊瑚为吉祥之物,常用来祭佛、做佛珠或装饰寺庙。珊瑚目前最广的用途是制作项链、手镯、胸针和雕刻摆设饰物。

12.1.1 基本性质

1. 化学性质

钙质型珊瑚主要由无机成分、有机成分和水组成,各种成分的大致比例为:$CaCO_3$ 92%~95%;$MgCO_3$ 2%~3%;有机质1.5%~4%;水0.55%。除此之外,还可能含有Fe_2O_3、$CaSO_4$,以及微量组分Sr、Pb、Si、Mn等。壳质型黑珊瑚和金珊瑚几乎全部由有机质组成。

2. 结晶学性质

珊瑚主要由隐晶质方解石组成,形态奇特,多呈树枝状、蜂窝状等。其纵向管状通道会产生精细脊状结构,这些精细脊状结构沿分枝纵向延伸呈现典型的波纹状构造,抛磨后它们呈暗亮相间的平行线,在横截面上呈同心圆状构造(图12-1)。

3. 力学性质

(1)解理和断口:无解理,参差状至裂片状断口。

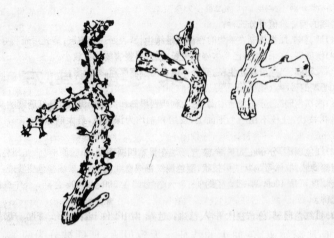

图 12-1　红珊瑚及表面小而浅的凹坑

(2)硬度：摩氏硬度 3~4。

(3)密度：钙质型珊瑚 2.65g/cm^3，角质型珊瑚 1.35g/cm^3。

4.光学性质

(1)颜色：常呈白色、奶油色、浅粉红色至深红色、橙色、金黄色和黑色等。

(2)透明度和光泽：微透明—不透明，蜡状光泽。

(3)折射率：钙质型珊瑚近似值为 1.65，角质型珊瑚近似值为 1.56。

(4)发光性：在长、短波紫外线下钙质珊瑚无荧光或具弱的白色荧光。

(5)吸收光谱：无特征光谱。

5.其他特性

(1)可溶性：易被酸腐蚀。

(2)热效应：近火会变黑，加热会产生蛋白味。

12.1.2　品种

在宝石学中，珊瑚可按成分、颜色等分成两大类五个品种。

1.钙质型珊瑚

主要由碳酸钙组成，含少量碳酸镁、有机质等，包括下列三个品种。

(1)红珊瑚：又称贵珊瑚，通常呈浅至暗色调的红—橙红色，有时呈肉红色。

(2)白珊瑚：为白、灰白、乳白等色，主要用于盆景工艺。

(3)蓝珊瑚：主要呈蓝色、浅蓝色，曾发现于非洲海岸，现已基本绝迹。

2.角质型珊瑚

主要成分为有机质,包括下列两个品种。

(1)黑珊瑚:灰黑—黑色,几乎全由角质组成。

(2)金珊瑚:金黄色、黄褐色,几乎全由角质组成,外表有清晰斑点。

12.1.3 成因及产地

珊瑚是珊虫分泌的产物。珊瑚属于腔肠动物门,其外形多种多样,有单体,有群体。在有性繁殖时产生的幼虫可以在海水中自由游泳,到成年期,便固定在海底岩石上或早期的骨骼上,无性繁殖以出芽生殖的方式,一代又一代的珊瑚虫生活在一起形成群体。珊瑚虫在生长过程中分泌钙质的骨骼,每个个体又以共同的骨骼相连,呈树枝状、扇状或块状等不同形态。绝大多数的珊瑚生活在热带或亚热带的浅海中,可形成珊瑚礁,这类珊瑚骨骼疏松,不能用作珠宝材料。而能作珠宝的红珊瑚生活在较深(100~300m)海床上,呈群体产出,但不形成生物礁,它的骨骼致密坚硬。

珊瑚主要产于太平洋西海岸的日本、中国台湾、琉球、南沙群岛等地;地中海的意大利、阿尔及利亚、突尼斯、西班牙、法国等国家;美国夏威夷北部中途岛附近的海区。

12.1.4 真假鉴别和质量评价

1.真假鉴别

(1)相似宝石的鉴别:与珊瑚相似的宝石品种有染色骨制品、染色大理岩、贝珍珠等,可通过观察结构、酸性试验、密度等来鉴别。

(2)仿制品的鉴别:珊瑚的仿制品主要有吉尔森珊瑚、红玻璃、塑料和木材,可通过外观观察结构、密度等来鉴别。

(3)处理珊瑚的鉴别:质量低劣的珊瑚可通过漂白、染色、充填处理等改善其外观。这些处理珊瑚可通过蘸有丙酮的棉签擦拭、观察颜色分布、测试密度、热针探测等方法鉴别。

2.质量评价

珊瑚的质量从颜色、块度、质地、加工工艺等方面进行。

(1)颜色:颜色是影响珊瑚质量最重要的因素,以红色为最佳,红色珊瑚的质量排列顺序依次为纯正鲜红色、红色、暗红色、玫瑰红色、橙红色。

(2)块度:越大越完整,价值越高。块度大者可做雕件,小的只能做首饰。

(3)质地:致密坚韧,无瑕疵者为佳。有白斑者次之。有虫孔和多裂纹者价值最低。

(4)加工工艺:造型越美,加工越精细,价值越高。

12.2 琥 珀

琥珀(Amber)其英文名称来源于拉丁语 Ambrum,意思是"精髓"。中国古代认为琥珀为"虎魄",意思是虎的魂魄。琥珀是一种数千万年前松柏科植物树脂的化石,是一种棕黄色透明至半透明的有机物,可发出芬芳的香味,其中常含有小昆虫或植物等包裹体,其形态栩栩如生,十分可爱,自古至今一直是人们喜爱的玩物和装饰品。人类从很早时期就已开始利用琥珀,我国战国时期出土文物中就发现有琥珀串珠制品,在欧洲,古罗马人对琥珀情有独钟,一块琥珀甚至比一个健壮的奴隶价值还高。在 20 世纪 20 年代,美国宝石进口贸易中,琥珀仅次于钻石,居第二位。优质的琥珀至今仍是很珍贵的宝石,特别是虫珀、金珀、香珀尤为珍贵。它们除了可用作为项链、挂件、耳坠、雕刻品等饰品外,还是一种名贵的药材,有安神镇惊、活血化瘀、利尿等功效,尤其是可用作甲状腺肿大的镇痛剂。

12.2.1 基本性质

1. 化学性质

琥珀为 C、H、O 的化合物,化学分子式 $C_{10}H_{16}O$,此外还含少量的硫化氢和微量元素 Al、Mg、Ca、Si 等。

2. 结晶学性质

琥珀为非晶质,常以结核状、瘤状、小滴状等产出(图 12-2)。有的如树木的年轮,呈放射纹理;可含有动物遗体、植物碎片等。

3. 力学性质

(1)解理和断口:无解理,贝壳状断口。

(2)硬度:摩氏硬度 2~3,一般为 2.5。

(3)密度:1.08g/cm³,可在饱和的食盐溶液中上浮。

图 12-2 琥珀原石形态

4.光学性质

(1)颜色:黄色、蜜黄色、黄棕色、棕色、浅红棕色、淡红和淡绿褐色。

(2)透明度和光泽:透明、微透明、树脂光泽。

(3)光性:正交镜下全消光。

(4)折射率:1.54。

(5)发光性:在长波紫外线下发蓝色及浅黄、浅绿色荧光。

5.包裹体

常见植物碎屑、小动物(如昆虫、蜘蛛、蚊蝇、蚂蚁等)、气泡、裂纹、旋涡纹等。

6.其他重要性质

(1)电特性:琥珀是良绝缘体,用力摩擦后带电,并能吸附小碎纸片。

(2)导热性:差,有温感,加热软化,近火有松香味。

(3)溶解性:易溶于硫酸和热硝酸中。

12.2.2 品种

按颜色和所具有的特征,琥珀可分为以下几个品种。

(1)血珀:色红如血的琥珀,透明,为琥珀的上品。

(2)金珀:金黄色的琥珀,透明,属名贵品种之一。

(3)琥珀:淡红色、黄红色,透明。

(4)蜜蜡:金黄色、棕黄色、密黄色、半透明、有蜡状感。蜜蜡因含有更多琥珀酸,透明度稍有降低。

(5)金绞蜜:当透明的金珀与半透明的蜜蜡互缠绞在一起,形成的一种黄色的具缠状花纹的琥珀。

(6)香珀:具有香味的琥珀。

(7)虫珀:具有动物、植物遗体包裹体的琥珀。

(8)石珀:有一定石化程度的琥珀。硬度比其他琥珀大。

12.2.3 成因及产地

唐代诗人韦应物的《咏琥珀》对琥珀的成因作了高度的概括:"曾为老茯神,本是寒松液,蚊蚋落其中,千年犹可觑"。此诗说琥珀曾是老茯苓的神髓,本来是松树的汁液。蚊蚋等虫子掉在其中,经过千年仍看得清清楚楚。诗人不仅对琥珀观察得非常仔细,更了不起的是他对琥珀作出了基本正确的解释。现代科学研究表明,琥珀是第三纪松柏科植物的树脂,经地质作用掩埋到地下,经千万年的变化,使其挥发成分失散而固化成琥珀。目前发现最古老的琥珀是已有1亿多年前(中生代)

的蜘蛛琥珀,而绝大部分是在几千万年前(新生代第三纪)的琥珀,常产于煤层中。在波罗的海沿岸,含琥珀煤层被海水冲蚀,琥珀就悬浮于沿岸的海水中。

琥珀产地众多,主要有德国、波兰、丹麦、爱沙尼亚、立陶宛、罗马尼亚、捷克、意大利、挪威、英国、新西兰、缅甸、美国、加拿大、智利、墨西哥、马来西亚等国家。

我国的琥珀主要产于抚顺的煤田中,且有大量优质虫珀产出,另外在黑龙江、吉林、辽宁、新疆、河南、西峡、湖南、四川等地都有琥珀产出。

12.2.4 真假鉴别与质量评价

1. 真假鉴别

琥珀真假鉴别的关键有两个方面:一是相似宝石的鉴别;二是处理琥珀的鉴别。

(1)相似宝石(包括仿制品)的鉴别:与琥珀相似的宝石主要有:硬树脂、松香、塑料类、玻璃和玉髓等,其鉴别特征见表12-1。

表12-1 琥珀与相似宝石和仿制品的鉴别特征

品 种	折射率	密度(g/cm³)	硬 度	其他特征
琥 珀	1.54	1.08	2.5	缺口,含动植物包裹体,燃烧具芳香味
酚醛树指	1.61~1.66	1.28		可切,流动构造,燃烧具辛辣味
氨基塑料	1.55~1.62	1.50		可切,流动构造,燃烧具辛辣味
聚苯乙烯	1.59	1.05		可切,燃烧具辛辣味,易溶于甲苯
赛璐珞	1.49~1.52	1.35	2	可切,易燃,燃烧具辛辣味
酪朊塑料	1.55	1.32		可切,流动构造,燃烧具辛辣味
有机玻璃	1.50	1.18	2	可切,气泡,燃烧具辛辣味
玻 璃	变化大	2.20	4.5~5.5	不可切,气泡、旋纹
玉 髓	1.54	2.60	6.5	不可切
硬树脂	1.54	1.08	2.5	遇乙醚软化
松 香	1.54	1.06	<2.5	燃烧具芳香味

(2)处理琥珀的鉴别:为了提高琥珀的外观质量和利用价值,常对琥珀进行处理,主要的处理方法有加热、再造和染色等。热处理琥珀的内部具"太阳光芒"包裹体,染色处理琥珀的颜色主要集中于裂隙中。天然琥珀与再造琥珀的鉴别特征见表12-2。

表 12-2　天然琥珀与再造琥珀的鉴别特征

特　征	天然琥珀	再造琥珀
颜　色	黄、橙、棕红	多呈橙黄或橙红色
结构和构造	表面光滑，具如树木年轮和放射状纹理	粒状结构，具流动状、糖浆状构造
密度(g/cm^3)	1.08	1.03～1.05
包裹体	动植物、气泡	呈定向排列的气泡
荧　光	浅白、浅蓝或浅黄色荧光	明亮的白垩蓝色荧光
偏光镜下特征	全消光或局部发亮	异常消光
可溶性	在乙醚中无反应	在乙醚中软化
老化特征	因老化发暗	因老化发白

2. 质量评价

琥珀的质量评价可从颜色、块度、透明度、净度及包裹体等方面综合进行。

(1) 颜色：透明的红色、金红色、蓝色和绿色者，价值最高。

(2) 块度：一般要求一定块度，越大越完整越好。

(3) 透明度：越透明越好，半透明—不透明者为次品。但蜜蜡除外。虽然因含更多的琥珀酸透明度有所降低，但良好的光泽、更为稀少的材料而使其价值更高。

(4) 净度：净度越高，价值越高。

(5) 包裹体：以含昆虫者最好，这种琥珀称为虫珀。虫珀中又依昆虫完整和清晰程度、形态、大小和数量等划分不同的档次。

12.3　煤　玉

煤玉(Jet)又称煤精、黑玉或黑琥珀。中国是世界上最早认识和使用煤玉的国家之一。在辽宁省沈阳市新乐新石器时期文化遗址中，就发掘出煤玉工艺品，为光滑的球形耳铛和煤玉珠，距今已有6 800～7 200年的历史。欧洲在新石器时期也用煤玉作护身符，并在古罗马时代就十分流行煤玉装饰物，主要原因一是煤玉主要产在欧洲，二是当时守寡的贵妇们以黑色低调的煤玉作为首饰，以展现哀愁的另类风华，并被女王定为丧礼用宝石。

12.3.1 基本性质

1. 化学性质

煤玉的主要化学成分是 C,并含有氢和微量矿物质。

2. 结晶学性质

煤玉为非晶质,常见集合体为致密块状,无固定形态。

3. 力学性质

(1) 断口:贝壳状。

(2) 硬度:摩氏硬度 2~4。

(3) 密度:1.32 g/cm^3。

4. 光学性质

(1) 颜色:黑色、褐黑色,条痕为褐色。

(2) 透明度和光泽:不透明,明亮的树脂光泽。

(3) 折射率:1.66。

(4) 条痕:褐色。

5. 其他性质

(1) 电学性质:用力摩擦可带电。

(2) 热效应:可燃烧。

(3) 可溶性:酸可使其表面变暗。

12.3.2 成因及产地

煤玉是褐煤的一个变种,是由古代的低等植物和部分高等植物随着沧海桑田的地质变迁而被埋置于地下后,在长期地质作用过程中受压力和温度的联合作用而成。世界优质煤玉主要产地有英国的约克郡费特比附近沿岸地区、法国的郎格多克省以及西班牙的阿拉贡、加利西亚和阿斯图里亚等地。美国的科罗拉多州埃尔帕亨县的煤玉可进行精细抛光。其他如美国犹他州、新墨西哥州、德国、加拿大等的煤玉质量较差。中国的煤玉产地主要是辽宁抚顺,其次为陕西鄂尔多斯、山西浑源、大同、山东枣庄等。

12.3.3 真假鉴别和质量评价

1. 真假鉴别

真假鉴别的关键在于与相似宝石(包括仿制品)的区别。主要的相似宝石和仿制品有:黑玉髓、黑曜岩、黑色石榴子石、黑珊瑚、塑料等,鉴别特征见表12-3。

表12-3 琥珀与相似宝石和仿制品的鉴别特征

品　种	折射率	密度(g/cm³)	硬　度	其他特征
煤　玉	1.66	1.32	2～4	缺口,热针探测具煤烟味
酚醛树脂	1.61～1.66	1.28		可切,流动构造,燃烧具辛辣味
氨基塑料	1.55～1.62	1.50		可切,流动构造,燃烧具辛辣味
赛璐珞	1.49～1.52	1.35	2	可切,易燃,燃烧具辛辣味
酪朊塑料	1.55	1.32		可切,流动构造,燃烧具辛辣味
玻　璃	变化大	2.20	4.5～5.5	不可切,气泡、旋纹
黑玉髓	1.54	2.60	6.5～7	不可切
黑色石榴石	1.87	3.83	7.0	
黑曜岩	1.50	2.40	5～5.5	气　泡
黑珊瑚	1.56	1.3～1.5	3	沿分枝纵向延伸的细波纹构造

2.质量评价

煤玉质量可从颜色、光泽、质地、瑕疵、块度等方面综合评价。颜色越黑质量越高,光泽越明亮越好,质地越致密越好,瑕疵越少越好,块度越大越完整越好。

12.4 象　牙

象牙(Ivory)自古以来就被用来制作艺术品和珠宝首饰,此外也被用来制作其他实用品,如笔筒。由于象牙所具有的温润柔和、洁净纯白、圆滑细腻的质地和美感,使它成为统治阶级和帝王将相所喜爱的高贵饰物,历代高官显贵都将象牙制品视作奇珍异宝,是地位、身份的象征。根据人们的习惯,象牙一般专指雄性大象的獠牙,即狭义的象牙概念。而广义的象牙概念,除大象的獠牙外,还包括猛犸牙、河马牙、海象牙、公野猪牙、疣猪牙和鲸鱼的牙齿等。为了保护大象,1991年国际有关组织已颁布严格的法律条文,在世界范围内严禁买卖象牙,但由于利益驱驶,象牙买卖并未完全根绝。

象牙作为饰物的起源源远流长,在公元前8世纪的古埃及就已经使用象牙制作雕刻首饰、梳篦和器皿。我国象牙的使用历史更为久远,据现代考古发掘出土的文物中发现,我国在原始社会就已经有象牙饰品制作了。浙江余姚河姆渡文化遗址和山东大汶口文化遗址中,出土的新石器时代的象牙制品,不但数量多且饰品制作精美、纹饰流畅。在商代,我国的象牙雕刻艺术水平已达到了很高的水平,其造型古朴厚重,纹饰精美,具有同时代青铜器的艺术风格。如1976年河南安阳殷圩出土的兽面纹嵌松石象牙杯,杯身通体刻满细带纹,十分精美与宝贵。春秋时代的象牙制品,除了日常生活器物以外,还运用到剑饰等方面。唐宋时期,象牙制品的工艺精美程度充分表现在现存于日本正沧院和上海博物馆中的唐代镂牙尺上面。这些牙尺的镂雕技艺达到了极高的水准。通身细雕精致的鸟兽花卉图案,其结构和谐严谨,图纹形神具备,非常精妙美观。元明清时期,随着竹、木雕艺术的高度发展,以象牙为材料的牙雕也相应普遍流行起来。随着我国和南亚、非洲各地经济、文化的交流,象牙原料的进口也大幅度增加。各地纷纷形成了具有地方特色的牙雕传统工艺,于是涌现出各种雕刻精良、富有工艺性的牙雕工艺品,如案头摆件、人物、山水和花鸟等饰品或制品。

12.4.1 基本性质

1. 化学性质

象牙的化学成分包括磷酸盐和有机质两部分。有机成分主要是胶质蛋白和弹性蛋白。

2. 常见形态及结构

象牙一般呈弧形弯曲的角状(图 12-3),几乎一半是中空的,每支象牙平均重 6.75kg,长 1.5~2.0m。象牙的横截面多呈圆形、浑圆形。象牙的横截面具特征

图 12-3 象牙的形态

的 Retzius 纹理，象牙的横截面还有由中心到表面的分层结构。

3. 力学性质

(1)断口：裂片状，参差状。
(2)硬度：摩氏硬度 2.5。
(3)密度：$1.7 \sim 2 \text{g/cm}^3$。

4. 光学性质

(1)颜色：主要呈白色、奶白色、瓷白色、淡玫瑰白色。
(2)透明度和光泽：半透明—不透明，油脂光泽或蜡状光泽。
(3)光性：正交偏光镜下无消光位。
(4)折射率：$1.53 \sim 1.54$。
(5)发光性：在长波紫外线下发弱至强的白蓝色荧光。

5. 其他重要特征

(1)可溶性：酸中浸泡会软化分解。
(2)热效应：遇热收缩。

12.4.2 品种

象牙有广义和狭义两种，狭义的象牙专指大象的长牙和牙齿，有非洲象牙和亚洲象牙之分；而广义的象牙是指包括象在内的某些哺乳动物（如河马、海象、一角鲸等）的牙。

1. 非洲象牙

它是指非洲公象的长牙和小牙，颜色有白色、绿色等，质地细腻，截面上带有细纹理。

2. 亚洲象牙

它是指亚洲公象的长牙，颜色多为纯白色，少见淡玫瑰白色，但质地较松散柔软，容易变黄。

12.4.3 主要产地

象牙主要产于非洲的坦桑尼亚、塞内加尔、加蓬、埃塞俄比亚等国；亚洲的泰国、缅甸和斯里兰卡等国。

12.4.4 真假鉴别和质量评价

1. 真假鉴别

象牙的真假鉴别主要在于与其他动物牙类以及相似仿制品的鉴别。

(1) 与其他动物牙类的鉴别。

河马牙:具有圆形、方形或三角形的牙截面,中间完全实心,具有密集略呈波纹状的细同心线,纵切面上有较短的波纹,牙的外部有一层厚的珐琅质。

公野猪牙:截面为三角形,并且部分是中空的,纵切面具有平缓而短的波状纹理。

抹香鲸牙:横截面具明显内外两层结构,可见规则的年轮状环线,纵切面具随牙齿形状弯曲的平行线,内层的平行线呈"V"字形态。

独角鲸牙:横截面具中空和略带棱角的同心环,纵截面可见粗糙的近于平行且逐渐收敛的波状条带。

海象牙:横截面呈明显的两层结构,并有中心管状空洞,无珐琅质外层。内部因细管较粗呈瘤状,纵截面为平缓的波状起伏。

猛犸象牙:猛犸象大约已于10 000年前灭绝,由于猛犸象大多生活在西伯利亚和阿拉斯加,因此其牙得以在冻土中保存至今。优质的猛犸象牙与现生象牙较为相似,因此市场上存在猛犸象牙仿冒象牙的现象。但由于猛犸象与现生象的动物种类不同,加之猛犸象牙已被埋藏万余年,因此它们在颜色、光泽、Retzius纹理(尤其中角度)、牙皮、牙心等方面均存在差别,并据此可将它们鉴别开来。

(2) 与仿制品的鉴别。

植物象牙:植物象牙实际上是热带森林中生长的低矮棕榈树的Corozo坚果,颜色为蛋白或白色,质地致密坚硬,成分为植物纤维,纵切面有鱼雷状植物细胞,横切面有细小的同心环构造。

骨制品:骨制品是由各种动物的骨骼经雕刻而成,其结构与象牙完全不同,骨制品中含有许多"哈弗氏系统"形成的圆管,中间由骨质细胞充填,形成细小的孔道或小圆点,没有象牙光滑和油润,这是骨制品的特点。

塑料:用特别的白胶或加些骨粉压制而成,塑料制品往往给人一种比较均匀的感觉,结构上缺乏"勒兹线"特征。

2. 质量评价

象牙的质量评价可从以下几个方面考虑。

颜色:象牙以白色、奶白色、瓷白色为主,彩色象牙十分罕见,绿色与玫瑰色为珍品。白色者越白价格越高,白中带黄或黄白色者一般价格较低。

重量大小:越大越完整,价值越高。

质地:质地致密、坚韧,表面光滑和油润,纹理线细密为上品。

产地:非洲象牙纹理线细,质地细腻,结构致密,价值较高;亚洲象牙纹理线粗,质量较粗,结构较松,价值较低。

透明度:以微透明—半透明为好。

工艺水平:款式越新颖、构思越独特、雕琢越精湛、造型越精美,价值越高。

12.5 龟 甲

龟甲(Tortoise shell)是海龟的甲壳,狭义的龟甲常指玳瑁龟的甲壳。据司马迁《史记·春申君列传》记载:"赵平原君使人于春申君,春申君舍之于上舍。赵使欲夸楚,为玳瑁簪,刀剑室以珠玉饰之,请命春申君客。春申君客三千余人,其上客皆蹑珠履以见赵使,赵使大惭。"表明在战国时期,玳瑁饰品已经是很普遍的男子饰品了,由此可知,玳瑁工艺在中国至少有2200多年历史。玳瑁饰品高贵典雅,有祥瑞幸福、健康长寿的象征,享有"海金"之称。玳瑁可用于制作戒指、手镯、簪(钗)、梳(枙)、扇子、盒、眼镜框、乐器小零件、精密仪器的梳齿以及刮痧板等器物。

12.5.1 基本性质

1. 化学性质

龟甲的化学成分几乎全部由有机质组成。主要成分是多种复杂蛋白质,其中碳元素占55%,因此加热时不仅失水还会释放出终产物之一 CO_2。

2. 结构

龟甲常具有美丽而不规则的斑点,其色斑多呈褐色、黄色、黄褐色相混杂。在显微镜下,龟甲的色斑由微小的红色圆形色素小点构成。

3. 力学性质

(1)解理和断口:无解理,不平坦断口。

(2)硬度:摩氏硬度2.5。

(3)密度:$1.29g/cm^3$。

4. 光学性质

(1)颜色:底色为黄褐色,上有暗褐色和黑色斑点。

(2)光泽:油脂光泽。

(3)透明度:微透明。

(4)折射率:1.55。

(5)光性:非晶质,各向同性。

(6)发光性:龟甲中的黄色部分可有蓝白色荧光。

5. 其他重要特征

(1)酸腐性:易硝酸反应。

(2)热学特征:高温时颜色会变暗,受热变软。

12.5.2 重要产地

龟甲主要栖息在热带和亚热带,主要产地有印度洋、太平洋和加勒比海。中国海南省也产优质的龟甲。

12.5.3 真假鉴别与质量评价

1. 真假鉴别

龟甲真假鉴别的关键是与仿制品的鉴别。目前市场上龟甲的仿制品主要是塑料,其鉴别特征如下。

(1)显微特征:龟甲的色斑是由许多球状颗粒组成的,而塑料的颜色是呈条带状的,色带间有明显的界线,且有铸模的痕迹。

(2)龟甲的折射率一般大于塑料,而密度小于塑料。

(3)热针探测:龟甲具头发烧焦的味道,而塑料具辛辣味。

2. 质量评价

龟甲质量主要从透明度、厚度、颜色斑纹奇特程度、加工工艺等综合进行。以透明度高、颜色好且斑纹的颜色和底色搭配、对比和珍奇独特程度越高,厚度越厚,加工工艺越好者,价值越高。

第十三章 饰用贵金属

金、银和铂等贵金属与珠宝从表面上看似乎各属独立体系,但实际上却密切相联,汉语中的成语如"金枝玉叶""金口玉言""金声玉振"等,都表明金银与珠宝往往是联系在一起的。在首饰类型的划分方案中,有一种方案将纯粹由贵金属材料轧制成的首饰称为贵金属首饰,如金戒指、金项链等;将在贵金属材料上镶嵌上宝石而成的首饰称为镶宝首饰,如铂金钻戒等;将由单一宝石材料制成的首饰称为珠宝首饰,如和田玉手镯、翡翠项链等,这种方案的前两类首饰都与贵金属密切相关。除此之外,还有在庭堂、书斋、客舍、卧室之内的各种金银摆件,它们被称为金银饰品、金银工艺品或金银艺术品,这些工艺品是经能工巧匠的精心制作而成,浑然一体、栩栩如生、巧夺天工,如"金玉九龙壁""金鸾宝殿"等,令人惊叹叫绝,流连忘返。

金、银、铂等贵重金属光泽灿烂、辉煌夺目,加上秉性柔软、延展性极强,因而易于加工成形,而宝石华光璀璨、美艳动人,二者完美结合,相得益彰。正是由于宝石与饰用贵金属的有机结合,以及相关首饰设计与加工技术的不断进步,才构成了今天珠宝首饰丰富多彩的内涵。因此,首饰贵金属也是珠宝购买者和鉴赏者必须了解的重要内容。

能作为珠宝首饰用的贵金属,首先必须具备以下条件:
(1)金属必须美观,化学性质稳定,不易受酸、碱影响。
(2)金属必须耐用,有一定的硬度和延展性。
(3)金属必须稀有,有一定价值。

由于受这些条件限制,虽然金属有数百种,但能作为珠宝首饰用的金属仅包括金、银、铂、钯、钌、铑、锇、铱等仅少数几种。

13.1 金

金(Gold)的化学符号为 Au,金融上的英文代码是 XAUUSD 或者是 GOLD。Au 的名称来自一个罗马神话中的黎明女神欧若拉(Aurora)的一个故事,意为闪耀的黎明。金的历史几乎与人类的历史一样古老,自从人类在 12 000 多年前发现黄金之后,人类对金的狂热就被点燃了,在人类的意念中,没有什么东西比金更能体现纯洁与神圣。对金本身来说,它已经成为一种跨越种族、文化,甚至是统治世界的另一种物质。金就像一条金色的血脉,贯穿于整个人类的历史。从古埃及的金权杖到中国的三星堆金面罩,从皇帝的宝冠到普通人的首饰,从可医治百病的"万能之药"到科技领域的大量应用,金用它特有的尊贵传达着人类对财富和权势的至高追求。

13.1.1 基本性质

1. 颜色

纯金的颜色为金黄色,金因此往往被称为黄金。金色泽光彩悦目、金光灿烂,自古为人们所珍爱。根据杂质元素的种类和含量,金的颜色随之变化,有口诀"七青、八黄、九紫、十赤"表明金的颜色随成色变化而改变。

2. 密度

金的密度在不同温度略有差异,在20℃时,纯金的密度为$19.3g/cm^3$。

3. 延展性

金的延展性极好,纯金可锤打成厚度为百万分之二厘米的金纸箔,看上去几乎透明。1g的金可锤打成比足球场还大的面积,可拉制成长达4km的金丝。

4. 导电性和导热性

金具有良好的导电和导热性能,在金属中仅次于银和铜居第三位。

5. 硬度

金的硬度较软,摩氏硬度约为3,指甲可在其表面划出痕迹。

6. 弹力

纯金弹力弱,将黄金抛掷于硬地上,发出低闷的响声,并不易弹跳,所以有"跌金如泥"之说。

7. 化学性质

金的化学性质十分稳定,一般情况下,除王水外,不与任何酸碱等物质起反应。具有耐高温抗腐蚀特性。在高温下也极稳定,几乎不发生氧化反应。金的挥发很小,在1 000~1 300℃,金的挥发量微乎其微,所以有"真金不怕火,烈火炼真金"之说。

8. 熔点

金的熔点为1 063℃。

13.1.2　含量表示

金可充当国际货币,作为货币时,一般都使用纯金。由于金硬度较低,当单独作首饰时可用纯金,但用于镶嵌宝石时,都要加入少量其他金属元素,如银、铜和镍等。因此,珠宝首饰中的金都涉及含量问题。一般在珠宝首饰中金的含量用单位 K 来表示,规定纯金(含金 100%)为 24K,意思是把 100% 分成 24 份,每份就是 1K,也就是说,1K 就是含 1/24 的金。在珠宝行业中,金在镶嵌首饰中的含量常见有以下几种,即 22K、18K、14K 和 9K,按上面的定义,其中含金量分别为 91.7%、75%、58.5% 和 37.5%。金的含量决定镶嵌所用金属的价值,几种不同颜色的 K 金标准见表 13-1。

表 13-1　几种不同颜色的 K 金及配方(%)

成色	用料	红色	红黄	浅红	深黄	金黄	淡黄
24K	金					100	
22K	金		91.7			91.7	91.7
	银					4.2	8.3
	铜		8.3			4.1	
18K	金	75			75	75	
	银			8	12.5	12.5	
	铜	25		17	12.5		
14K	金	58.5			58.5		58.5
	银	7.0			15.0		20.5
	铜	34.5			26.5		21.0
9K	金	37.5		37.5	37.5		37.5
	银	5.0		7.5	11.0		31.0
	铜	57.5		55.0	51.5		31.5

13.1.3　K 白金

K 白金也是一种金的合金。由于真正的铂金价格较贵,为了迎合广大消费者对铂金的需求,降低成本,市场上便出现了 K 白金。它本不是铂金,而是金与其他金属的合金制成的白色金属。为了区别铂金,人们就称呼这种合金为 K 白金,购买时需特别注意,以免和真正的铂金相混。

K白金的K数代表其中黄金的含量,K白金的一般配方见表13-2。

表13-2 几种K白金的常见配方

	Au(%)	Ag(%)	Cu(%)	Ni(%)	Zn(%)
18K	75.0	10	5		4~10
14K	58.5	22.4	15.1	5	
9K	37.5	38.5	20	4	

13.1.4 金的成色鉴别

金成色的鉴别有观色泽、掂重量、测硬度、试金石、点试剂、烧熔点、听声音等传统简易鉴别法。

(1)看颜色:金首饰纯度越高,色泽越深。深赤黄色成色在95%以上,浅赤黄色90%~95%,淡黄色为80%~85%,青黄色65%~70%,色青带白光只有50%~60%,微黄而呈白色就不到50%了。通常所说的七青、八黄、九赤可作参考。

(2)掂重量:黄金的密度为19.3g/cm³,重于银、铜、铅、锌、铝等金属。金饰品托在手中应有沉重之感,假金饰品则觉轻飘,但此法不适用于镶嵌珠宝。

(3)看硬度:纯金柔软,硬度低,用指甲能划出浅痕,牙咬能留下牙印,成色高的黄金饰品比成色低的柔软,含铜越多越硬;折弯法也能试验硬度,纯金柔软,容易折弯,纯度越低,越不易折弯。

(4)试金石:试金石是一种黑色坚硬的石块,用黄金在上面画一条纹,就可以看出黄金的成色,此法是鉴定黄金成色比较精确可靠的检验方法。

(5)听声音:成色在99%以上的真金往硬地上抛掷,会发出叭哒声,有声无韵也无弹力。假的或成色低的黄金声音脆而无沉闷感,一般发出"当当"响声,而且声有余音,落地后跳动剧烈。

(6)用火烧:用火将要鉴别的饰品烧红(不要使饰品熔化变形),冷却后观察颜色变化,如表面仍呈原来黄金色泽则是纯金;如颜色变暗或不同程度变黑,则不是纯金。一般成色越低,颜色越浓,全部变黑,说明是假金饰品。

(7)看标记:国产黄金饰品都是按国际标准提纯配制成的,并打上戳记,如"24K"标明"足赤"或"足金";18K金,标明"18K"字样。成色低于10K者,按规定就不能打K金印号了。

但上述方法得不到准确的结论,而且运用这些方法都必须具备丰富的经验。现在可以运用现代仪器检测法,如有电子探针法(EPB)、X射线荧光法(XRF)、密度测试法、硝酸法、硫酸法等得出精确的结论。对于大多数消费者来说，最行之有效的方法还是看戳记，因为正规珠宝店在金首饰方面一般不作假。

13.2 银

银(Silver)化学符号 Ag，来自拉丁语 Argentum，是一种银白色的过渡金属。银和金一样，是一种应用历史悠久的贵金属。由于银独有的优良特性，人们曾赋予它货币和装饰双重价值，英镑和我国解放前用的银元，就是以银为主的银、铜合金。

13.2.1 基本性质

1. 颜色

银光润洁白，被人们赞为"永远闪耀着月亮般的光辉"。但掺入杂质的白银，颜色将有所变化。

2. 密度

纯银密度为 $10.5g/cm^3$。

3. 硬度

银的摩氏硬度为 2.9，比金软，指甲即能刻划。

4. 导电性和导热性

银的导电性和导热性可能为各种金属之冠，常用作电接插件的触点。

5. 延展性

银的延展性良好，可捶打成薄形银叶，制作成各种镂空首饰。

6. 化学性质

银的化学性质比较稳定，纯银不易氧化，若含有少量杂质时，其抗氧化性能将大大减弱，氧化后生成黑色的氧化银。常温下白银在稀硫酸或稀盐酸中不易被腐蚀，但在加热情况下，银易被腐蚀。

7. 熔点

银的熔点为 960.5℃。

13.2.2 银的成色鉴定

银相对较便宜，成色鉴别也相对较简单，主要的方法有：辨颜色、掂重量、测硬度、听声韵和看戳记。

(1) 辨颜色：银纯度愈高，银色愈洁白，首饰表面看上去均匀发亮，有润色。如果含铅，首饰会呈现出青灰色；如含铜，首饰表面会显得粗糙，颜色没有润泽感。

(2) 掂重量：银密度较一般常见金属略大，有句俗话叫：铝质轻、银质重、铜质不轻又不重。因而掂重量可对其是否为白银做出初步判断。若饰品体积较大而重量较轻，则可初步判断该饰品属其他金属。

(3) 测硬度：白银硬度较铜低，而较铅、锡大，可用大头针划首饰不起眼的地方进行测试，如针头打滑，表面很难留下痕迹，则可判定为铜质饰品；如为铅、锡质地，则痕迹很明显、突出；如实物留有痕迹而又不太明显，便可初步判定为白银饰品。

(4) 听声音：纯银饰品掷地有声，无弹力，声响为卟哒卟哒。成色越低，声音越低，且声音越尖越高而带韵；若为铜质，其声更高且尖，韵声急促而短；若为铅、锡质地，则掷地声音沉闷、短促，无弹力。

(5) 看戳记：正规厂家生产的白银首饰一般都有戳记，国际惯例以千分数加"S"或"Silver"或"银"字样表示白银首饰及其成色。如"800S"或"800银"都表示成色为八成的银首饰。而镀银首饰则用"SF(即 Silver Fill)"表示。

13.3 铂

铂(Platinum)化学符号 Pt，为铂系元素的成员，由于其颜色以白色调为主，因而俗称白金。人类对铂的认识和利用要远比金和银晚，大概只有 2 000 多年的历史。根据考古资料证实，在公元前 700 年，古埃及人已能将铂加工成饰品。中美洲的印第安人，远在哥伦布发现新大陆之前，也盛行过铂金饰物。然而，除此之外其他地区的人们对铂金则一无所知，直到 16 世纪初，大批西班牙冒险家蜂涌到非洲和美洲去探金寻宝。当时，在厄瓜多尔的河流中淘金时，一再发现有一种白色金属混杂在黄金中，其实这就是珍贵的铂。但由于当时科学不发达，识别能力低下，面对银晃晃的铂，殖民统治者把它称之为"劣等碎银"而弃之。1748 年，西班牙科学家安东尼·洛阿在平托河金矿中发现了银白色的自然铂，他仔细研究发现自然铂的化学性质非常稳定，延展性极好，熔点亦高，相对密度极大，与金属银有明显的区别。1780 年，巴黎一位能工巧匠为法国路易十六国王和王后制造了铂金戒指、胸针和铂金项链。从此以后，铂声誉大振，一跃于黄金饰品之上，为皇亲国戚、达官贵人、巨富贾商所宠爱。

13.3.1 基本性质

1. 颜色

铂呈浅灰白色,其颜色色调介于白银和金属镍之间,但其鲜明程度远超过银和镍。

2. 密度

纯铂的密度为 21.4g/cm³,为常见贵重金属之中最大的,大约是金的 1.11 倍,是铜的 2.5 倍。

3. 熔点

铂的熔点为 1 773℃。

4. 硬度

铂的摩氏硬度为 4~4.5,铂金既硬又韧,富有弹性,指甲刻划不动。但它又易于弯曲和复原。

5. 化学稳定性

铂的化学稳定性高,不溶于强酸强碱,不易氧化,也不像黄金那样易于被磨损。

6. 延展性

铂的延展性好,可拉成很细的铂丝,1g 铂可拉成 1 600m 长的细丝。

13.3.2 产地

虽然世界上产铂的国家较多,但目前大约有 95% 的铂产于南非和俄罗斯。

铂的产量比黄金少得多,其年产量大约只有金的 1/20,加上铂熔点高,提炼铂也比金困难,消耗能源更多,故价格高于金。铂色泽淡雅而华贵,象征着纯真与高尚。人们把它作为爱情的信物并制成订婚戒指,以表示爱情纯真、天长地久。钻石镶嵌在银白色的铂金托上,衬托出钻石的洁白无瑕、珍贵无比和雍容华贵。在位居全球铂金首饰销量居前列的日本,有大约 90% 的结婚戒指是铂金戒指。中国自 1992 年起,铂的销量已跃居世界第二,现在已是世界第一了。

13.3.3 使用及含量表示

尽管铂的硬度较高,但作为镶嵌钻石首饰用,其硬度对于一部分款式的钻佩而言仍显不够,故常常需要掺入其他金属而制成合金,国内市场上铂金含量常用符号"PT"后加代表含量的数字来表示,举例如下。

PT950	铂含量:95%
PT900	铂含量:90%
PT850	铂含量:80%

国际上,各国首饰市场对铂金首饰的标注略有差异,如日本,铂只准许有 4 种纯度:1000(100%)、950(95%)、900(90%)和 850(85%),铂含量少于 85% 的一律不标铂金字样。在欧洲大部分国家,铂金饰品的成分一般是 PT950 或 950PT,偶尔也见 PT850 的铂金饰品。在美国,只有铂金含量大于 95% 的,才可标明铂金(Platinum)字样。

13.3.4 铂的成色鉴别

与金一样,铂成色鉴别的传统方法有观色泽、掂重量、测硬度、扳延性、烧熔点、听声韵、燃煤气、点试剂等,也可以运用现代测试方法得出精确的结论。

(1)观色泽:铂为灰白色。铂的条痕色与外观一样为灰白色。

(2)掂重量:铂的密度为 $21.4g/cm^3$,掂在手中有沉甸甸的感觉,相同体积的铂重量是银的两倍余。

(3)测硬度:铂的摩氏硬度为 4~4.5,高于指甲或牙齿,即用指甲刻划或牙咬,铂的表面不会留下划痕。

(4)扳延性:铂韧性好且富有弹性,它易弯但不易起皱,若指甲可刻划但不易弯或指甲不可刻划但易弯均不是铂金。若经反复弯曲后表面起皱者,可能是镀铂或镀铑饰品。

(5)烧熔点:铂溶点远高于金和银,达 1 773℃。真金不怕火烧,铂更不怕火烧。铂加热或火烧后颜色不变,仍然保持灰白色彩不变。

(6)听声韵:铂密度大,铂落到地上声音沉闷,无余音,这个特征与金极为相似。

(7)燃煤气:将铂首饰置于煤气灶或煤气灯的出口,大约 2 分钟后首饰将变红,甚至点燃煤气灶或煤气灯。因铂对许多化学反应具有催化作用,室温下煤气与空气中的氧气不发生化学反应,但是,当有铂催化剂存在的情况下,煤气与空气中的氧气发生剧烈反应并放出大量的热使首饰升温以至于点然煤气。

(8)看标记:同样,正规生产单位制作的铂金首饰都有标准戳记,国际上用铂含量的千分数表示,在千分数前头加铂符号 Pt,如含铂千分之 900 的首饰,其戳记为 Pt900。我国规定中也可用中文"铂"表示,如"900 铂"。

13.4 其他饰用贵金属

13.4.1 钯、铑、铱、锇、钌

1. 钯

钯(Palladium)化学符号 Pd,银白色,外观与铂相似,因此,是钻石首饰上所用的贵金属。钯的熔点为 1 553℃,密度为 $12.16g/cm^3$,与铂有较大差别。同时,由于钯产量比金和铂大,故价格低于上述两种金属。

2. 铑

铑(Rhodium)化学符号为 Rh,银白色。铑是一种稀少的贵金属,价格昂贵,密度为$12.44g/cm^3$。由于它耐腐蚀,硬度大,光泽好,因此主要用于 K 白金表层的电镀增色处理。此外,有些消费者可能对 K 金饰品会出现皮肤过敏,这时如镀上一层铑则可以降低皮肤过敏的反映。

3. 铱

铱(Iridium)化学符号为 Ir,其稀有程度在铂之上。铱为银白色,强金属光泽,相对密度为 $22.56g/cm^3$,性脆但在高温下可压成箔片或拉成细丝。高硬度的铁铱和铱铂合金,常用来制造笔尖和首饰。

4. 锇

锇(Osmium)化学符号为 Os,锇是金属单质中密度最大的,密度为 $22.59g/cm^3$,灰蓝色。利用锇同一定量的铱可制成锇铱合金。铱金笔笔尖上那颗银白色的小圆点,就是锇铱合金。锇铱合金坚硬耐磨,铱金笔尖比普通的钢笔尖耐用,关键就在这个"小圆点"上。

5. 钌

钌(Ruthenium)化学符号为 Ru,银白色,密度为 $12.30g/cm^3$,钌是铂和钯的有效硬化剂,铂钌合金用作汽油油量计和航空仪表的触头,锇钌合金可制钢笔笔尖。

13.4.2 铜、铝、镍

1. 基本性质

(1)铜(Copper):化学符号为 Cu,紫红色,密度 $8.96g/cm^3$,摩氏硬度 3,熔点 1083.4℃。铜和它的一些金属合金有较好的耐腐蚀能力,良好光泽,且易加工,因

此常被用来制作货币。

(2)铝(Aluminium)：化学符号为 Al，银白色，密度 2.7g/cm³，摩氏硬度 2~3，熔点 660℃。由于铝具有多种优良性能，因而有着广泛的用途。

(3)镍(Nickel)：化学符号为 Ni，近似银白色，密度 8.902g/cm³，摩氏硬度 4，熔点 1 453℃。主要用于金属合金及催化剂，可用来制作货币。

2.在珠宝首饰中的用途

铜、铝、镍这几种金属虽然不是贵重金属，但它们也常被用在珠宝首饰中，一是作为贵重金属 K 金的添加材料；二是用它们制作专门的仿真饰品。最主要的有下列两类。

(1)"稀金"饰品：稀金是一种以铜为主要材料，加稀土及其他元素组成的新型仿金特殊材料，用它加工成的饰品就叫"稀金饰品"。稀金首饰的优点是硬度较高，耐磨性能优于黄金，密度较小使得首饰的质量较轻，色泽酷似 K 金（呈 18K—20K 的色泽），不易氧化变色。稀金饰品是介于黄金与其他仿金饰品之间的工艺品，镀金首饰表层易剥落变色。由于金首饰价高，而稀金饰品以价廉物美倍受广大消费者的青睐。

(2)"亚金"饰品：亚金饰品是由铜、铝、镍等金属熔炼而成的一种新型材料制成的饰品，叫"亚金"饰品。亚金饰品具有硬度高、耐磨性能好、不变色等特点，虽然其本身不含金元素，但其颜色光泽接近 18K 金的色泽。亚金材料制作的工艺饰品，也非常受年轻女性的爱好。

第十四章 珠宝购买、佩戴与保养

14.1 鉴定分级证书与价格核算

14.1.1 鉴定分级证书

货真价实是珠宝购买者的第一追求。要做到这一点,首先要能对珠宝真假作出准确鉴定,其次是能正确评价珠宝的质量和价值。但要做到这两点决非易事,需具备有关珠宝的科学知识,熟悉珠宝的鉴定和评价方法,同时要有丰富的实践经验。对普通的珠宝消费者来说,这是过高的要求。为了使珠宝购买行为能做到称心如意,对一般消费者而言,最基本的要求是能看懂珠宝鉴定分级证书,因为珠宝鉴定分级证书是珠宝真假和质量好坏的重要保证。

由于珠宝是贵重商品或奢侈品,为了规范市场,目前国际市场上对于较为珍贵珠宝,一般都要求提供相对应的珠宝鉴定分级证书,特别是对优质的钻石、红宝石、蓝宝石、祖母绿、猫眼、变石、翡翠、和田玉等,则要求提供详细的鉴定分级证书。因此,在珠宝店购买珠宝,首先应向经营者索取珠宝鉴定分级证书。若经销商能提供证书,则购买行为可往下进行,反之,则购买行动最好到此为止。当然,若你很懂珠宝或有专业人士陪同可以除外。

在经销商能提供珠宝鉴定分级证书的前提下,购买者还不能盲目从事。如果认为有珠宝鉴定分级证书,所购买珠宝就能保证货真,那就大错特错了,因为市场上珠宝鉴定分级证书作假也常有发生,因此,购买者还应对珠宝鉴定分级证书作详细研究。主要内容有:

1. 出证书的单位和人员

珠宝的鉴定和分级是一项技术性极强的工作,从业人员必须经过专门的培训,具备相应的资质(如国家注册珠宝玉石质量鉴定师、FGA、GIA 等),同时必须具备各类先进的检测设备,并具备良好的环境。目前国内能具备这些条件的单位大致有:

(1)有关高等院校:如北京大学、中国地质大学、同济大学、中山大学、华东理工大学等。

(2) 国家质量技术监督部门和从事宝玉石研究的少数科研单位：如国家珠宝质量检测中心、上海技术监督局珠宝质量检测中心等。

(3) 地质矿产部门的有关单位：如南京地质矿产研究所的江苏省黄金珠宝检测中心。

(4) 有关科学研究单位的检测机构：如无锡黄金珠宝鉴定中心。

作为分级人员，应经专门训练，并获有关权威资格证书。目前国际上最权威的珠宝鉴定师资格证书有：FGA（英国）、GIA（美国）、HRD（比利时）等。我国已有数千人经过专门培训，获得相关证书。此外，自1997年起我国还推出了自己的珠宝玉石鉴定师制度。

因此，在检查珠宝鉴定分级证书时，一是检查出证书的是否是上述权威机构；二是检查鉴定人员是否具有上述权威资格证书；三是检查出证单位和出证人员的信誉。否则，所提供的证书并无多大意义，实质上可能只是让消费者上钩的一则广告而已。

2. 鉴定分级证书的签发日期

珠宝鉴定分级证书的签发日期很重要。由于有些珠宝的韧度不高，易于破损，若证书是在很早以前签发的，难免在证书签发后的时间里，珠宝可能因这样或那样的原因而造成破损，从而使其净度降低，重量减少，质量也将会受到严重影响。

3. 鉴定证书的内容

不同检测单位所出证书格式可能各不相同，但包括的基本内容则大致是相同的。一份标准的珠宝鉴定分级证书应包括以下内容：证书的名称、珠宝的琢形、大小、重量、净度、颜色、切工和其他物理参数测试数据，简要评述，并附照片，鉴定人员签名（FGA、DGA、GG、GIA、HRD、CGC），审核人员签名及资格，鉴定单位的名称及地址，鉴定单位专用章，签定日期等。国内外一些先进的实验室，还同时附上珠宝的放大照片等。在拿到证书的同时，还要对照证书上的照片是否与实物相符，要谨防货品与照片不一致，要核对货品与证书后面的"重量""颜色"等参数是否一致。

一些成品珠宝的鉴定分级证书将主宝石与伴宝石分开，证书主要对主宝石详细描述，伴宝石只作一般描述，或只提供伴宝石重量数据，对于这种珠宝，审核鉴定分级证书时，可主要关心主宝石就行了，因为主宝石是决定该件珠宝的关键因素，其他只作一般了解即可。

14.1.2 价格核算

一张过硬的证书，能保证货真，但还不能保证价实。为了保证价实，购买者和鉴赏者应该学会对珠宝价格进行核算的方法。

1. 未镶的宝玉石

钻石的价格核算可参考国际报价进行,国际报价资料可向有关机构索取,也可在相关报刊、书籍上查找,还可向相关教学科研部门咨询。对于其他宝玉石,由于缺乏国际公认的报价体系,较准确对其价格进行核算十分困难,但可从行业协会、珠宝公司、国际公盘、拍买等找寻相关参考价格。

2. 已镶嵌的珠宝

已镶嵌珠宝的价格估算要复杂些,主要由下面几部分价格组成。宝玉石的价值:按照上述方法估价;镶嵌金属(铂金、白金和黄金)的价值:重量×市场价格;加工费:根据各种款式报价进行核算;税收:包括增值税、消费税等;商业利润。

若上述几个方面的价值加起来与商店标价大致相符,说明其标价实事求是,可以购买。若相差较大,则应向店方交涉并面议成交价格。

选定珠宝并最终购买之后,另一项必须做的工作是向店方索取正规发票,以便将来出现问题,能向店方索赔,或作为向有关法律部门上诉的凭证。

有些贵重珠宝为了防止丢失或损坏,还可向保险公司投保。

14.2 购买与佩戴

购买和佩戴珠宝能显示出一个人的性格特征、生活爱好、文化修养以及心理素质和思想感情等。但选购和佩戴时要因人而异。要注意购买珠宝的目的;注意自己的身材特征;注意个人的气质和性格;注意购买者的发型;注意珠宝的佩戴季节;注意不同民族和国家的文化差异等,否则会适得其反,非但没有美化自己,而且还会出笑话。

14.2.1 注意购买的目的

人们购买珠宝主要有几个目的:一是装饰打扮自己,这一类型最普遍;二是为了保值和增值;三是作为表达某种意义的特殊礼品;四是属于爱好的收藏、观赏和家庭摆设。

1. 为了装饰购买珠宝

如果仅为装饰而购买珠宝,那么最需要考虑的是珠宝的美,对品种、档次、价值等可要求低一些。中低档宝石应是首选,高档宝石的合成品、优化处理产品也可考虑,如合成红宝石、加热处理红宝石等。主要满足美丽、耐久、无害即可,稀罕不作重点考虑。一条细细的18K金链或一条简单的珍珠项链就把电视节目主持人衬托得斯文大方而有涵养,这是许多人所要追求的效果。要达到这一目标,无需花较多的钱,而且也可不要过多地考虑鉴定和评价等很伤脑筋的问题。

2. 为保值和增值购买珠宝

总体上来说,作为硬通货与保值增值功能的珠宝,只能是高档天然珠宝,如翡翠A货、和田玉、钻石、红宝石、蓝宝石、祖母绿、猫眼等,而且选择这一类珠宝的关键还要质量好、档次高的,这是大前提。如优质和田玉,从20世纪80年代至今的30多年里,升值达数万倍,可见其保值、增值功能。但越是贵重的珠宝,造假仿冒者越普遍,手段更高明。购买这类珠宝,就需要具备扎实的宝石学专业知识和丰富的实践经验;而专业知识缺乏又无实践经验,则需费一番功夫,或找专业人士指导,或找特别有信誉的珠宝店,而且鉴定分级证书的作用就较大了。

3. 为送礼而购买珠宝

由于文化与历史的原因,珠宝代表着一种宝贵、吉祥、幸运、平安之意。不同珠宝有不同的象征含义,具体购买时要依目的而定,如结婚纪念的纪念石、祝贺生日的生辰石等均可选择。中国玉雕均有各种美好寓意,如玉辟邪送老人,平安扣送小孩等。对于一些有特殊爱好的朋友,购买之前,要了解她(他)的喜爱,通常好的和田玉挂件、钻石饰品皆为人们所接受。崇尚大自然者可选天然矿物晶体晶簇。

4. 特殊爱好的收藏、观赏和摆设购买珠宝

这一类要突出"纯天然"三字,选择的珠宝要奇、特、稀少,越少人工成分越好。如蓝色钻石、双星光红宝石、星光祖母绿和具有美丽花纹的和田玉等。总之,选择这一类珠宝的人要有独特眼光,要有收藏的爱好,自己有收藏审美观,选择的珠宝要罕见,而不是常见的普通品,这样才突出其收藏价值。

14.2.2 注意自己的身材特征

选购珠宝首先必须注意自身的身材特征。只有佩戴得当,才能起到画龙点睛的装饰作用。有时,通过珠宝与服装的合理搭配,还能起到掩饰佩戴者缺陷的作用。

1. 脸型

化妆打扮虽说无固定的模式,但构成美应有一定规律。脸型和珠宝适当的结合,会产生对比、调和、均衡、对称等不同效果,也能产生活泼、干练、娴静、温柔等不同的感觉。许多人脸型先天不尽令人满意,通过选择佩戴适宜的珠宝,可以达到改善脸型的效果。当然天生美丽的脸型,再配上适宜的珠宝则更能锦上添花。

方形的国字型脸或三角形脸的女性,选择圆形或花枝状耳饰能够给观者以视觉上的调整,使方形或尖形的下颚不那么突出。而圆形面庞的女性应尽量避免选用圆形的珠宝耳饰。如果选购这种款式,加之悬垂佩戴,配上圆形脸有如奥林匹克

运动会的五环旗,会给人滑稽可笑之感。正确的选择是用方形或带角形的款式,而且要紧贴面庞佩戴,这样圆脸看上去就没有那么浑圆了。

对于椭圆形、鹅蛋形脸或瓜子脸的女士而言,对珠宝耳饰款式的选择余地会大一些,但以佩带吊坠款式和长形款式效果更佳,因为吊形和长形的耳饰与椭圆形面庞更觉相配,能使女士尖削的下巴看起来显得宽大一些。

2.身材

婀娜多姿的身材,无论选择什么样的珠宝,尽可以随心所欲。然而,身段不够标准的人,则应精心选择,注意珠宝与身材的和谐与匀称。

一般而言,身体细长的人,应尽可能选用有横线、块面感觉的珠宝;身材粗短者,尽可能选条状、片状的珠宝,形状以简练明快为宜;下身长的人,一般腰身较短,可以选择胸针大、项链粗长的为好。这样可以起着降低腰节的效果;下身短的人,大部分腰身过长,选择珠宝时正好与下身长的人相反。

脖子细长的人宜选粗短项链,勃子粗短的人宜选择细长项链;手腕粗者宜选窄、细手镯,手指细长的人宜戴细环戒指。

3.肤色

人人都希望有好的肤色,但现实却不尽如人意。肤色或黄、或黑、或白、或赤各不相同,选择珠宝时要注意与肤色的协调和谐。行家认为珠宝颜色与肤色同色调为宜,就是说肤色浅的人选配浅色首饰,肤色深的选配深色首饰。但有时也不一定,深浅搭配,形成反差,可起到意想不到的效果。

4.手指

每一位消费者都可根据自己的喜好挑选自己喜爱的戒指,但在选购戒指时,除个人爱好、体形等外,还需考虑手指的形态。因为戒指上珠宝的大小、形状、切工等,都会影响戴在手上的效果。戒指必须配合指型,才能给人五指纤柔圆嫩的感觉。手指短小的女性应尽可能挑有棱角和不规则的设计,镶有单粒梨形和椭圆型珠宝的戒指,可使短小的手指显得较为修长。此外还需注意戒指的宽度,宽阔的戒指环会使手指看起来显得更为短小。手指修长的纤手戴宽阔的指环,镶单粒长方形或橄榄形珠宝,会使手指更有吸引力。手指丰满而指甲修长者则可选圆形、梨形和心形的珠宝。款式方面可大胆创新。倘若拥有一双柔美而修长的纤纤玉手,则无论选用任何类型的戒指,都会引来羡慕的目光。

5.体型

体型高瘦、胸部平坦之女士,如佩带一条层叠式富有图案结构的项链或一枚大而雅致的胸针,则会将平坦的胸部加以掩盖,手部的饰物则应以粗线条为主;高个者不宜将一根短项链紧束在颈间,那样会更突出你的高身材。体型瘦小的女性,适宜佩带小型而简洁的首饰,切忌项链、耳环、胸针、手链、腰带一齐出动。体型瘦小的人,应该尽量穿一些带跟的鞋,颈部和手部的饰物最好免戴,不妨试着佩带一些耳环、戒指及发饰,并都以小巧为宜;如果一定要戴项链,则应该选一些细金属链,以不戴坠为宜。

至于体型偏肥胖和胸部过大的女性,则应该选一条配有长形悬垂饰物,长度在60～70cm左右的项链,这样在胸前会构成一个"V"型图案,在一定程度上会使你显得纤细。如果你的颧骨较高,那么耳环要选用细小的,最好是珠形的或圆形的,使脸部轮廓显得较为柔和。对于五官平庸而缺乏吸引力的人,在选配饰物时应把重点放在转移人们的注意力上,如果佩带一条璀璨夺目,并配有大型悬垂物的项链就能很好地起到这种作用。

鼻子及下巴长的人,千万别选戴大型而花巧夺目的耳环,因为它们会突出强调这方面的弱点。戴眼镜的女士要注意,对于首饰的配衬应分外小心,因为不管你戴的眼镜怎样朴素,玻璃片总是会闪耀发光的,所以,最好只戴一对素净的耳环或一只手镯,绝不可既戴耳环、又戴项链、手链、胸针等。假如长了一个略呈松弛的双下巴,或颈部肌肉有皱折的话,最好选戴一副大型而贴耳的耳环,以使人们的注意力转移到面部的其他部位。

14.2.3 注意与发型搭配

发型和首饰是人头部的主要装饰,两者必须协调统一。发型对整个面部起装饰作用,耳环、项链则对面部起点缀作用。倘若首饰和发型配合得当,人将越发秀美,楚楚动人。

1. 掩耳式发型

可佩戴荡环,如只有一只耳露出,可佩戴大而短的荡环刚好与另一边乌发对称。同时可选择短而细的项链,与浓发形成反差。

2. 露耳式发型

可选插环,也可选荡环。若下半部脸较丰满,要佩大颗单粒耳插较为适宜。厚发的以荡环较好,头发短的吊饰物应小而轻盈。

3. 短发型

项链宜略长而粗。薄发者宜戴马鞭链、子母链、威尼斯链及镶钻项链。厚发者可戴稍粗的串绳链、福人链和花式链等。

4. 长发型

宜选佩细而长的项链,如二锉链、方丝链、"S"形链、双套链、牛仔链、镶钻链等。

14.2.4 注意着装

佩戴珠宝与着装的目的是相同的,都是为了美化外在形象和烘托内在气质。因此,珠宝与服装的作用是相辅相成的,只有二者和谐统一,才能取得预期的装饰效果。因此,不同的着装应佩戴不同的珠宝。珠宝与服装的和谐应该包括以下几方面。

1. 造型上呼应

为了做到造型上呼应,珠宝的选择要以服装造型为基础。具体说来,一是要与服装的功能相一致。例如,与礼服搭配的珠宝应该是比较精致而考究的;与便装搭配的珠宝则应是大方而简洁的;与牛仔装搭配的珠宝应该是比较粗犷而奔放的。二是要与服装的线条相对应。例如,服装的线条结构以曲线为主时,珠宝的造型最好是由直线构成的方形或三角形,当服装的线条结构以直线为主时,珠宝则应以曲线构成的圆形、椭圆形为主。搭配得当,会使珠宝和服饰在整体上产生丰富的动感。

2. 色彩上补充

珠宝色彩的丰富程度要远远超过服装。如果珠宝选择适当,常可以在服饰整体效果上起到画龙点睛的作用。因此,佩戴珠宝时颜色的选择应以补充色彩中的不足为依据。例如,当服装的色彩显得单调时,便可用色彩鲜明且富于变化的珠宝来点缀;当服装的色彩过于强烈或纷乱时,则可佩戴颜色色调单纯、色调较浓重而含蓄的珠宝(如翡翠挂件)来搭配。

3. 质感上对应

无论是珠宝还是服装,由于选用的材料很多,表面处理方式千差万别,可表现的质感也丰富多样,因此,珠宝的佩戴还应注意与服饰质感上的和谐。当服饰的面料柔软而细腻时,宜选择质感粗犷的珠宝;当服饰的面料厚重且凹凸不平时,则最好佩戴晶莹光润的珠宝。这样做以便于两者互相衬托,呈现出丰富多变的视觉美感。

对于职业女性而言,由于职业装限制,会对佩戴珠宝产生一定影响,但在遵守一定原则的前提下,自己花一点心思,可巧妙选择适合自己气质和风格的珠宝,塑造自己的个性品味。为了突破职业装色彩的单纯性,可以在胸前、发际以及项链上搭配一些色彩生动的有色宝石,在职业装的庄重严肃之外,透射出女性的柔性和美丽。这种有色宝石的选择,一定要注意宝石的品级。宝石的色彩一定纯正艳丽,宝石一定要有灵气。

14.2.5 注意年龄、性别、职业、场合

与服装一样,珠宝的佩戴也要考虑佩戴者的年龄、性别、职业及佩戴场合。选择佩戴不当,不仅不会为佩戴者增色,反而会大刹风景,甚至遭人讥笑。

年轻的女性,一般而言,可以佩戴色彩较为丰富和鲜明、款式较为新潮的珠宝。中老年人则应佩戴大方、质量上乘的珠宝,这样更加显示中、老年人的成熟及事业有成。

男性佩戴的珠宝主要不是为了漂亮,而是显示风度和社会地位,因而不宜佩戴小巧和色彩艳丽的珠宝,所戴的珠宝应该以线条简洁、风格粗犷、价值较高的为主。同时,除男戒、项链外,可在衣扣、领带夹、别针、袖扣、手表、钥匙链等配饰物上镶嵌珠宝,这样可得到意想不到的效果。

从总体来看,一个人所从事的职业不应该对珠宝的选择佩戴有太多的限制。但如果佩戴者对显示自己的职业特征有强烈欲望时,则其中也有一些方法可供选择,例如,艺术表演者可以佩戴风格独特、款式新颖、色彩绚丽的珠宝;白领丽人可佩戴简洁明快、档次较高的珠宝等;从事体力劳动的人在工作时则不宜佩戴珠宝等。

不同的场所佩戴珠宝应该有所差别。例如,从事体力劳动的工作者,如果在工作场所打扮得珠光宝气,别人可能不会以敬佩的目光欣赏你,相反会觉得你太庸俗;但如果是参加别人婚礼、生日聚会等,则佩戴珠宝不要过于简单,而要尽量佩戴一些色彩鲜艳的珠宝,以增加喜庆的气氛;如看古典剧目演出、听音乐会等高雅的场合,则尽量佩戴艺术造型突出的珠宝,以显示你有丰富的文化内涵;如果与异性朋友约会,珠宝的选择佩戴应更加讲究些。

14.2.6 注意佩戴方式

一些人以为佩戴珠宝越多,珠宝越大,越能体现自己的富有和地位,于是从头到脚,全身堆砌着珠宝,可谓珠光宝气。显示富贵的目的达到了,但是给人的印象可能是无一点和谐,没有一点风度,也就没有丝毫的美,弄得不好,还会弄出误会和笑话,甚至被人误解为是下贱人或品位低下的人。

"万绿丛中一点红,动人春色不须多"。佩戴珠宝关键在于适度,在于和谐。珠宝的美是一种艺术创造,它不仅是物质美的象征,更是精神美的显示,如果佩戴珠宝只是炫耀富贵的手段,那就丧失了佩戴首饰的意义了。

一般而言,珠宝要佩戴在人体身上,尤其是佩戴在女性身上,才是真正达到"画龙点睛"的作用。从这一意义出发,珠宝艺术可以说是人体的艺术。在现实生活中,完美无缺的人体极少或根本不存在,即使是西施、貂蝉、昭君、贵妃等,也都不会是十全十美的。因此,购买者在购买珠宝或选购首饰款式之前,首先应对自己的或

其他佩戴者的外形条件作一客观实在的评价,要利用珠宝来扬长避短,最大限度地达到美化自己的效果。具体需要考虑的因素如上所述。

14.2.7 注意文化内涵与修养

佩戴珠宝除了体现佩戴者的性格特征、生活爱好、文化修养以及心理素质和思想感情等外,有时还为了讨个好的口彩。例如对一枚戒指或一个手镯,想一想它是一个圆,没有开始,没有结束。一看到你手指的一个戒指或手镯,它会时刻提醒着你曾经许下的承诺,一个海枯石烂不变心的承诺。

将戒指戴在一个女人的无名指上,通常代表了真心娶她为妻的诺言。据说这种风俗源于埃及,古埃及人相信有一种特殊的血管和神经联系着无名指和心脏;第二种解释是说,这暗示着女性应服从她未来的丈夫,因为无名指是最柔弱的;第三种解释将戒指戴在无名指上是种避免损坏戒指的方法,因为它是最受保护的手指。

以前戒指一般是在订婚时馈赠的礼品,但是由于基督教徒认为在教堂举行的结婚更为重要,后来就在教会里逐渐形成了没有结婚戒指就不能举行婚礼的规定。并且教会有时还会为因生活贫困买不起戒指的新郎新娘准备了用于婚礼的出租戒指,也有出租结婚戒指的当地商店。据伊丽莎白一世时代的史料记载,拿到订婚戒指的女人把戒指戴在右手,举行结婚仪式时摘下来改为戴在左手上,这个戒指就成结婚戒指了。这一规定至今在西方国家以及东方一些信仰基督教的国家或地区仍十分盛行。

15世纪,珠宝首次被镶在结婚戒指上。除了包括戒指的一般内涵外,在那个时代,对欧洲上流社会的人而言,珠宝代表了坚强、清白、成功和忠诚。他们认为珠宝可以将抵抗自然的力量赋予它们的主人,也能抵抗诱惑和不幸。

在所有的珠宝中,玉石制品的文化内涵最为丰富,对民间常用的玉饰品来讲,存在许多表示各类吉祥如意的图案。如表示吉祥如意的图案有:年年有余、必定如意、群仙祝寿、样样如意、福从天降、流云百福、三星高照、报喜图、二龙戏珠、龙凤呈祥、喜上眉梢、双喜临门、岁岁平安、事事如意、福在眼前;表示科举及第和官运亨通的图案有:平升三级、五子夺魁、喜报三元、马上封侯、太师少师等;表示长寿多福的图案有:松鹤延年、鹤鹿同春、龟鹤齐龄、福禄寿喜、五福捧寿、多福多寿、福寿双全、蝙蝠意福、福寿三多、福在眼前、福至心灵、寿比南山、长命百岁、长命富贵等;表示多子多孙的图案有:连生贵子、麒麟送子、流传百子等。选购时必须清楚饰品所代表的文化内涵,同时考虑自己的佩戴珠宝的心愿。

14.2.8 注意认识到位

购买和佩戴珠宝要认识到位。要努力防止一些不正确的认识,从而对购买和佩戴珠宝行为造成影响。

(1)认为买足金能保值的心态：这种认识带有普遍性。其实，购买珠宝并不单单是为了保值，更重要的是为了美化生活，特别是购买镶嵌宝石的首饰时，更不能追求足金，镶宝石以K金的性能较为理想，如18K金、14K金，在西方国家更有9K、4K者。足金过于柔软，不能抓牢珠宝，且保持一定的造型也很困难。即使是纯金首饰，也不可能有大的保值功能，一是购买时首饰的价格已比当时的金价高得多，二是回收首饰的渠道也不多。

(2)认为珠宝很贵，不是一般人能消费得起的：这种认识使得许多人不敢想消费珠宝。实际上，珠宝有高档、中档和低档之分，价格的区别也很大，我国珠宝市场至今仍在以中、低档珠宝消费为主，个人完全可以根据自己的经济实力购买消费不同档次的珠宝。

(3)认为低价钱可购买到高品质珠宝：如想用便宜的价钱购买又绿又透的翡翠，这实际上是根本不可能的，有些商人正是利用消费者的这种心态，低价出售造假的伪劣品，所以在购买珠宝首饰时，一定要购买有信誉的珠宝公司的产品，并要有鉴定证书，同时开出正规的发票，以便一旦发生问题有所依据。

(4)认为购买珠宝要尽善尽美：有些消费者在挑选珠宝时慎之又慎，唯恐买到内部有一丝半点杂质或极细微裂纹的珠宝。其实真正的天然珠宝难免会有这样或那样细微的缺陷，只要不影响珠宝的外在美，就不是大问题。如祖母绿，就几乎不可能买到没有丝毫裂纹和包裹体的。当然由于净度是决定许多珠宝的关键性因素，因此购买时要特别注意珠宝的性价比。

(5)认为宝石很硬，不怕摔碰：一般宝石的确比普通石头坚硬，但这并不等于它不怕摔碰，宝石的硬度是按它耐刻划磨蚀能力而定，但是否易裂损关键是由其韧度决定的，许多宝石的硬度高，但韧度却较小，故越易碎裂。何况一些珠宝的硬度并不高，如欧泊、珍珠等，如果不注意保护，均会对珠宝造成不可挽回的伤害。

(6)认为只有购买高档珠宝才合算，才够档次：在不少消费者眼里，只有高档宝石才算是真正的珠宝，而将许多中、低档宝石视为半宝石，这也是一种错误的认识。第一，石榴子石、橄榄石、长石、托帕石、水晶等所谓中低档宝石，均有其独特的美，做成珠宝其装饰效果不亚于所谓高档珠宝，有时还更高；第二，所谓高档宝石价格相差也极大，如同为一颗翡翠戒面，价高者可能高达数千万元人民币/颗，价低者可能数十元人民币/颗，即远低于所谓中低档宝石。因此，购买时要明确自己的购买目标，如果是收藏可考虑高档优质珠宝，若是装饰美化生活用，主要应该考虑珠宝的装饰效果。

14.3 保 养

购买珠宝是一件轻松愉悦的事情,当珠宝买回家以后,如何使用和保养也是件重要的事。珠宝首饰是珍贵的商品,佩戴时必须注意保养,因为不慎造成损坏,不仅会给拥有者带来较大的经济损失,而且还会对拥有者的心理带来不良的影响。另外,珠宝首饰因灰尘日积月累也会影响其美观。

14.3.1 防止破损

珠宝虽然大都是世界上硬度较大和韧度较高的物质,一般难被其他任何物质刻划。但一些珠宝存在诸如解理、裂理等结构缺陷,有的珍贵宝石(如欧泊)硬度不够高,有的硬度较高,但韧度较低,如钻石,强力的碰撞较易使之遭受破损。因此,保护珠宝首要的是防止硬物或外力的撞击,做体育运动和粗重工作或烹饪时,一般都不宜佩戴珠宝。

14.3.2 经常清洗

某些珠宝(特别是钻石)具亲油性,戴久了会吸收皮肤或外来的油脂(包括一些化妆品),或时间长了而产生灰尘积累,并因此严重影响其光亮度,造成品质较差的假像,但清洁的珠宝看起来会比一颗不洁的高品质宝石更加引人注目,因此保持宝石清洁是使珠宝增色的一种秘诀。较简单的办法是:

清洁剂清洗法:此方法先将珠宝浸在一小盘加了清洁剂的温水中,然后用软布或软毛刷轻轻擦洗珠宝,再将珠宝放在滤网上用温水冲洗,最后用布吸干水分。

冷水浸法:此方法用半杯家庭用的亚摩尼亚水或酒精,加入同容量的清水,将珠宝浸在溶液中轻轻搅动,取出来用纸张把水吸干即可。亚摩尼亚水还会使金属戒托(特别是黄金)更加光亮。酒精的优点则是挥发快,从而不留水滴在珠宝表面上。

快速浸洗法:购买一套珠宝清洗液,依照说明书洗净宝石。此法最宜采用。

超声波清洗:是用专门的超声波清洗仪,简便易操作,但购置需要一定的经费,而且对于存在裂纹或韧度低的珠宝不宜用超声波清洗。

清洗珠宝也应注意一些错误的做法,如用牙膏清洗珠宝。由于牙膏内含有硬度6~7度的微细颗粒物,用牙膏清洗珠宝时会对硬度低的珠宝造成损害,尤其是珍珠和黄金。

14.3.3 修理时注意被调换

当珠宝出现损坏等情况,需送至珠宝店或加工厂进行重新加工或修补,在这样做时,为防止珠宝被人调换等不愉快的事件发生,珠宝拥有者应采取以下措施。

1. 熟悉宝石的外表特征

宝石的颜色如何?如果有多颗宝石镶在一起,这些宝石的的颜色是否一致?宝石的净度如何?有什么易辨认的标记(如内含物、划痕等)?这些标记的出现在宝石的什么部位?宝石的腰部切工特征怎么样?腰部的厚薄如何?宝石的重量多少?如果是单颗粒的宝石,上述特征在购买时应反映在珠宝鉴定分级证书上。如果没有证书,顾客也应尽量学会肉眼观察属于自己的珠宝。

2. 送修前清洗宝石

干净的宝石和沾有污物的宝石在外表的颜色、火彩、净度等看上去均有较大的差别。因此,如果顾客平时不清洗宝石,同样的宝石经过首饰店或加工厂清洗后,连顾客自己都不敢相信拿到的其实是同一颗宝石。若被调换,你也较难发现。因此,送去修理前应认真清洗珠宝,以确定其真实面目。

3. 拍照

如果条件允许的话,可对珠宝的典型特征进行拍照,以作凭证。

4. 修理店的信誉

对价值较为贵重的珠宝进行修理,应找信誉好的珠宝修理店或工厂进行修理或修补。若时间充许,可当场看着修理人员重镶或进行修理。

14.3.4 其他注意事项

除上述各方面外,珠宝的护理还需注意以下几点:

(1)当做家务时,不要让珠宝沾上漂白水、肥皂、奶制品和污渍。虽然它们不损坏珠宝,但会使金属托褪色或产生斑点,有时还会影响珠宝的光辉而使其黯然模糊。

(2)切勿将多件珠宝同时一起存放,因为珠宝间在相互摩擦时,会刮损镶嵌金属,有时珠宝刻划珠宝,珠宝本身也会被擦伤。

(3)清洗珠宝时,还应注意酒精和亚摩尼亚会腐蚀某些珠宝,因此,如果珠宝戒上同时镶有其他宝石时,必须谨慎使用这些溶液,最好事先向有关专家咨询;不能用酸性溶液或亚摩尼亚来清洗充填珠宝,这类溶液会使充填物溶解或使其褪色;不要用含氯的溶液来清洗镶嵌珠宝,氯会腐蚀含金的合金;在游泳时也不宜佩戴珠宝;如果长期没有对珠宝进行清洗,用上述各种方法对珠宝进行清洗时,均需花较长的时间才能见效。因此,对珠宝进行定期清洗是十分必要的。

(4)注意珠宝佩戴顺序,佩戴带爪镶宝首饰或戒指时,应避免勾到衣服、皮包,万一勾到了衣服,虽不致于马上造成主石脱落,也会对珠宝的稳定性造成影响。一般来说,珠宝佩戴的顺序是应在衣服穿戴好之后,再佩戴珠宝。试想手上戴着爪镶单钻戒指,再着装、穿着丝袜,对服装、丝袜与珠宝而言,是不是一件危险的事?

(5)定期仔细检视珠宝,现代忙碌的珠宝消费者往往在回家后就忙着将珠宝取下,放进珠宝盒,下回想用时再拿出来佩戴,珠宝就这样的被循环地使用着。也许您也很少花精神去检视它。多花费一点时间照顾您的珠宝可以大大降低危机,例如珠宝中小钻是否稳固或有无松脱现象?串珍珠项链线是否牢固?夹式耳环中间卡的弹性是否减低?或是螺丝接触不良?等等。

第十五章 名宝趣谈

15.1 噩运之钻——"希望"

噩运之钻"希望"(Hope),重 45.52ct,深蓝色,是世界著名珍宝。公元 1642 年,法国探险家兼珠宝商塔维密尔(Tavernier)在印度西南部得到一块巨大的宝石级金刚石,重达 112ct,呈极为罕见的深蓝色。据说它不仅蓝得美丽,而且似乎发射出一股凶恶的光芒,这可能是因为在它那像迷雾一样的历史中,充满了奇特和悲惨的经历,它总是给它的拥有者带来难以抗拒的噩运之故。

塔维密尔在带着这块巨大钻石回到法国后,将它献给了法国国王路易十四,作为献宝的奖赏,国王封了他一个官职,赏了他一大笔钱。但传说中的噩运也便随之开始降临到与这颗钻石相关的人身上。塔维密尔的财产被他的不孝儿子花得精光,使他到了 80 多岁高龄时已穷得身无分文,不得不再一次去印度寻求到新的财富,可是,他却在那里被野狗咬死了。法国国王路易十四将这颗钻石琢磨成重 69.03ct 的成品钻石,路易十四仅仅戴了一次,不久就患天花死去了。继位的法国国王路易十五成了钻石的新主人。他发誓不戴这颗深蓝色的大钻石,可是,他把这颗钻石给他的情妇佩戴,结果路易十五的情妇在法国大革命中被砍了头。之后,路易十六成了这颗钻石的新主人,他的王后经常佩戴这颗钻石,结果路易十六夫妇双双被送上断头台。路易十六王后的女友兰伯娜公主,随之成了这颗蓝色噩运之钻的新主人,大概又是因为佩戴了这颗倒霉的钻石之故,她在法国大革命中被杀掉了。

这颗钻石于 1692 年在法兰西国库中被盗。窃贼的命运如何不得而知,只知道钻石被重新琢磨了一次,重量减为 45.52ct,当它 1830 年在伦敦珠宝市场上重新出现时,当即被银行家 Hope 买去,当时价值为 18 000 英镑。从此,这颗蓝色钻石就以它新主人的姓氏为名,叫"Hope"。Hope 终生未婚,他将这颗蓝钻传给他的外孙,其条件是要他改姓为 Hope。这位新主人后来娶了一位美国女演员为妻,不久小 Hope 破产,妻子与他离了婚。小 Hope 妻子约西于 1940 年死于波士顿。她在晚年穷困潦倒,经常埋怨那颗蓝钻"希望",给她带来了难以摆脱的噩运。1906 年,小 Hope 为清偿债务被迫卖掉了"希望",在此后的两年之内,"希望"又被转卖多次。

1908年,"希望"被土耳其苏丹哈密德二世用40万美元买走。据说,经手这笔买卖的商人在带着他的妻子出门时,汽车翻下了悬崖,全家一起遇难。"希望"在土耳其宫廷中由苏丹赏给他的亲信左毕德佩戴,可不久,左毕德被苏丹处死。

1911年,美国人麦克兰用11.4万美元购得了"希望",他将它作为礼物送给自己的妻子。有人告诉麦克兰夫人,说这是一颗会带来噩运的钻石,并给她讲述了不少历史上的传说,麦克兰夫人一笑置之。她经常佩戴此钻,并常与她拥有的另一颗名钻——94.8ct的"东方之星"同时佩戴,以显示豪华与富有。也许是巧合吧,就在麦克兰夫人得到"希望"钻石的第二年,她的儿子在一次车祸中丧生,而她的丈夫麦克兰不久也死去,她的女儿因为服用安眠药过量而丧命。

麦克兰夫人于1947年去世,美国著名珠宝商温斯顿(Harry Winston)在1958年买下了她的全部珠宝,成了"希望"的新主人。不久温斯顿带着这颗钻石多次飞越大西洋,均安全无事。迷信终于破灭,噩运也随之结束了,这颗历尽坎坷、蒙受无数不白之冤的美丽钻石——"希望",得到它适宜的归宿,温斯顿将它捐献给了国家,它现在藏于美国华盛顿的史密森尼博物院的国立自然博物馆中。从此,它再也不是炫耀豪华和财富,或增加个人娇美的饰品了,而是成了科学研究的标本。

15.2 钻石之最——库里南

"库里南"(Cullinan)于1905年发现于南非普列米尔矿山。它纯净透明,带有淡蓝色调,重达3 106ct,是至今为止全世界最大的钻石。库里南被加工成9颗大钻石和96颗较小钻石。其中最大的一颗名叫"非洲之星Ⅰ号",水滴形,重530.2ct,镶在英国国王的权杖上;次大的一颗叫做"非洲之星Ⅱ号",方形琢型,重317.4ct,镶在英国国王的王冠上。其他7颗大钻的重量分别为94.4ct、63.6ct、18.8ct、11.5ct、8.8ct、6.8ct、4.39ct,也全归英国王室拥有,其中"库里南第Ⅲ"和"库里南第Ⅳ"曾被镶在王后的王冠上,后又取下归王后收藏,王冠上则用水晶的复制品代替。

1905年1月25日,或许是钻石历史上最具有纪念意义的日子之一,在这天的黄昏,南非德兰士瓦矿山的矿工劳累了一天,大家正逐渐收工回到居住地。这时,费雷德里克·韦尔斯(Frederick G. S. Wells)在普列米尔矿山的矿坑边,偶然发现一颗在阳光照射下闪闪发光的物体,这个发光物体在矿坑顶部,他爬了下去,小心翼翼把它挖了出来。奇迹就这样出现了,这是一块闪亮的钻石晶体,有拳头般大小。韦尔斯简直不敢相信自己的眼睛,他拾起钻石,一边走一边怀疑着,这是不是一颗大钻石呢?这的确是一颗巨大无比的钻石。在当天晚上,钻石放进了公司的保险柜中,有关人员将此事向公司董事长托马斯·库里南做了报告。库里南欣喜无比,他以自己的名字命名了这颗钻石,并给了发现者韦尔斯一大笔奖金。

在"库里南"被发现后,德兰士瓦省的总理 Botha 为了能够得到大英帝国的庇护,决定买下这颗大钻石,想将它送给当时的英国国王爱德华七世作为生日礼物。出人意料的是,这份礼物没有直接被接受,英国政府在这个问题上表现出了犹豫不决的态度,因此,请示国王做出裁决,国王决定接收这份礼物。德兰士瓦政府花费了 16.5 万英镑把价值连城的"库里南"钻石从南非运到英国。其中首先要考虑的问题是如何防盗,为此专门从英国派来了全副武装的士兵,利用特殊的防卫交通工具,将这颗巨钻运往伦敦。事实上,这些士兵押运的只是一块巨钻仿制品,而真正的"库里南"钻石,是夹在普通的邮包中寄达伦敦的。

爱德华七世在收下库里南后,他决定将其切磨成成品钻石。他委托当时荷兰最著名的钻石切磨公司约瑟夫·阿斯恰(Joscph Asscher)来完成这一任务。这次阿斯恰决定由他亲自来完成这一任务,他来到伦敦看到了这颗特大钻石,并把它放在衣袋中带回到荷兰阿姆斯特丹他的工作间。他绞尽脑汁,花费了约 6 个月的时间,对这颗钻石进行了详细的研究,设计了不同的切磨方案,并在相应的仿制品上做了几十次试验。最终阿斯恰选用了劈开的方法来切磨钻石。钻石虽然很坚硬,但是它有解理,因此,只要沿着解理方向对钻石施以重击,钻石就能被劈开。有时在钻石原石上找出解理是很困难的,并且钻石内部带有瑕疵,这些都会影响对钻石的切磨。但是对于"库里南"钻石来说,这些问题都不存在,因为在这颗原石表面就有解理,这是大自然神奇力量的"杰作",找到了一个解理方向,就可以根据晶体对称原理,找出钻石其他的解理方向。而劈开"库里南"钻石需要考虑的问题,是从哪个解理方向劈开这颗钻石,可以最低限度地减少浪费,得到重量最大、数量最多、光泽效果较佳的琢型钻石。

阿斯恰在选好方向后,先用笔在原石上做了标记,用一颗钻石在"库里南"钻石原石上做了一个 V 字型切口,这是劈开钻石的常用方法。对"库里南"钻石来说,例外的是需用更大的切磨工具。在万事俱备后,阿斯恰开始对"库里南"钻石进行切磨,他用一把锋利的钢刀的刀刃作楔子,放在钻石的 V 字型切口上,钻石被粘紧在托架上,并将其牢牢地固定在工作台上。这颗特大钻石,将通过阿斯恰的简单一击而劈成两半,可以想像当时的紧张程度。如果钻石没有按照设计方向劈开,就不能产生最好、最大的成品钻石。阿斯恰身负重望、责任重大。只见左手平稳地扶着托架,右手举起一个形状特殊的木槌,快速地把它砸向钢刀的顶部,钻石完全按照设计的方向裂开了。就这样"库里南"被劈开、切磨成 9 颗特大的成品钻石和 96 颗较小的多面型成品钻石。"库里南"的历史就这样被铸就了。

1919 年,在普列米尔矿山又找到一颗重达 1 500ct 的钻石,按重量为世界第三,它也是一个大钻石晶体的碎块,并且颜色和"库里南"极为相似,因此有些人推测它是"库里南"钻石的晶体碎块,故这块钻石没有给它专门取名。

15.3 古老而经历曲折的钻石——光明之山

"光明之山"(Koh-i-Noor)钻石重 108.97ct,无色,椭圆形琢型,原产于印度戈尔康达,该矿产出了历史上许多著名的钻石,如大莫卧儿(Great Mogul)、摄政王和法国蓝(Frenxh Blue)钻石。据说"光明之山"钻石原石重 800 多克拉,经过钻石工匠第一次加工成为 191ct 的大钻,以后又被再次加工成 108.97ct。"光明之山"钻石可能是世界上最古老而又完整保存至今的巨大钻石。传说它已有了 3 000 年的历史,又说最早有关它的记载是 1304 年,这些传说与记载是否可靠均有待验证。但与"光明之山"钻石有关的阴谋、战争、贪婪和权利等故事,比其他任何钻石都有着更为曲折、更为复杂的历史。

印度在历史上曾被多次入侵,被占领的时间达几个世纪。历史上关于"光明之山"钻石的故事最早与蒙古人巴卑尔(Barbuw)有关,1519 年,巴卑尔率领军队攻打由伊伯拉希姆·洛迪(Ibrahim Lodi)苏丹指挥的印度军队,巴卑尔的儿子胡马雍(Humayun)在战斗中打败了伊伯拉希姆·洛迪。获胜的蒙古军队开始掠夺和抢劫有价值的财物,胡马雍发现了被杀害的当地土邦主的住所隐藏在阿格拉的堡垒中,他命令停止抢劫,把堡垒控制在自己手中。

由于这个原因,1526 年土邦主的家人送给胡马雍一颗大钻石,胡马雍又把钻石献给父亲巴卑尔,这颗大钻就是"光明之山"。巴卑尔记下了得到钻石的时间,他记录了这颗钻石曾经属于阿拉·埃德·丁(Ala-ed-din)苏丹所有,此人在 1304 年从马尔瓦(Malwa)首领处得到该钻石。这颗钻石在巴卑尔手中掌握的时间很短,巴卑尔只当了 4 年国王,就由他的儿子胡马雍继位。但是胡马雍在 1531—1556 年期间只是名义上的统治者,他的统治不时被战争打断,频繁的战争使得他不得不在流离状态度过时光。1544 年,他曾逃到波斯寻求保护,他受到波斯国王塔马斯(Tahmasp)的礼遇。胡马雍为了答谢主人的礼遇,并希望波斯国王能帮助他复登王位,他将随身携带的大量珠宝赠予主人,这其中就包括了"光明之山"钻石。塔马斯在得到"光明之山"后,又把它转送给了艾哈迈德纳格尔(Ahmadnagar)的巴汗·尼扎姆(Burhan Nizam)国王。

令人遗憾的是,在 1547 年后的相当长时间内,人们不知道这颗钻石的去向是到哪里了。有一个未经证实的传说,"光明之山"钻石曾经被镶嵌在孔雀御座上。孔雀御座上镶嵌了很多珠宝,是莫卧儿王朝珍宝中最豪华和最奢侈的物品,是莫卧儿王朝权力的象征。胡马雍的儿子阿克巴(Akbar)13 岁就当上了皇帝,阿克巴的儿子查罕杰后来也继承了王位,并统治国家达 23 年。孔雀御座在查罕杰统治时期开始制作,由他的儿子沙赫·贾汉完成。贾汉建造了据认为是世界上最漂亮的建筑——"塔姬陵"(Taj Mahal),这是他在朱木拿(Jumna)河畔为他妻子木姆塔兹(Mumtaz)建造的一座白色大理石坟墓。

虽然孔雀御座镶嵌着许多价值连城的宝石,但仍缺少奇特稀有的宝石。在沙赫·贾汉统治时期,他接见了一位名叫米·朱姆拉(Mir Jumla)的波斯人,朱姆拉曾是戈尔康达国王的首席部长,他和国王闹翻了。当他离开时,国王扣下他的家人作人质,这样做就是不再信任朱姆拉,并且下令毒死了他的儿子,把家庭中的其他成员投入了监狱。为了报仇,朱姆拉说服贾汉提供资金远征戈尔康达,去掠夺他的珍宝。贾汉同意了他的远征建议,最终朱姆拉打败了戈尔康达的国王,"光明之山"钻石也因此落到了贾汉手中,并被镶嵌到孔雀御座之上了。此后,"光明之山"再次出现是在纳迪尔·沙赫(Nadir Shah,1688—1747)入侵印度后了。

纳迪尔·沙赫是出生于与阿富汗接壤的波斯北部山区的牧羊童。纳迪尔体格强壮,身材高大,头发乌黑,胡须浓密,他 15 岁时就离家成为当地统治者的保镖。纳迪尔也是一个十分狡猾的人,对权力和财富有着强烈的占有欲望,当他的第一个雇主认识到这一点时,已经为时过晚了。他先被提升为卫队长,然后向统治者即他的雇主的大女儿求婚成功。此后,他试图废黜统治者,但是失败了,并被流放。统治者的儿子为了夺取王位,于是请求纳迪尔帮助,机会终于来了。他开始严格重新训练波斯军队,在以后的一系列战斗中打败了阿富汗人。待地位稳固后,他又废黜了国王塔马斯,指定塔马斯才 8 个月的儿子为新的国王,而他自己作为摄政王。

有了这些基础,纳迪尔下一个目标就是自立为王,并企望用由黄金和镶嵌宝石的盔状花冠为自己加冕。但由于连年的战争,国家已经很穷,纳迪尔决定掠夺印度莫卧儿王朝的财富。为了达到目的,他耍了一个花招,他宣称对莫卧儿王朝友好,以追击在印度边界上的阿富汗人为由,率领部队顺利地开进了印度,而莫卧儿王朝的国王默罕默德轻信了纳迪尔的友好承诺,对这一切未采取任何的防范措施。1639 年,纳迪尔率领波斯军队占领了印度,声称:"世界上苏丹的苏丹,国王的国王是纳迪尔"。莫卧儿王朝被他掠去的珍宝不计其数,其中包括纳迪尔特别喜爱的孔雀御座,这样"光明之山"钻石就落到了纳迪尔手中。

纳迪尔获得"光明之山"钻石还有这样一个传说:默罕默德国王想保存一件价值很高,且便于携带和藏匿的东西,于是他把钻石隐藏在他的头巾里,随身携带,消息传到纳迪尔那里,诡计多端的纳迪尔向默罕默德保证,将恢复他的国王职位。作为权力交接一种仪式,纳迪尔请求默罕默德交换头巾,因为交换头巾是一种表示友好的传统方式。纳迪尔解下了他的羊皮头巾,而默罕默德只能在无法拒绝的情况下解下了藏有大钻石的头巾,纳迪尔从头巾的皱褶处找到了隐藏的大钻石后,兴奋地宣称"Koh-I-Noor",意为"光明之山"。这颗钻石的名称就这样被流传下来了。

1647年,纳迪尔被人谋杀于帐篷之中,随即国家处于混乱之中。在此状况下,"光明之山"钻石便在相当长一段时间内下落不明了。一种说法是在纳迪尔死后,"光明之山"钻石被艾默德·沙赫·阿布达利(Ahmed Shah Abdali)拿走了,他是纳迪尔最亲密和忠诚的军官,率领着逃离阿富汗士兵回到了他们原来的家园,艾默德的部队首先控制并且统一了阿富汗。1649年,他率领部队返回波斯帮助已被监禁的纳迪尔的孙子路克·米扎·沙赫(Rukh Mirza Shah)。当时路克仍是一个孩子,在被监禁前,已经历了被废黜、失明和复位的痛苦。艾默德杀死了监禁沙赫的阿拉伯酋长,使路克重新获得了自由,但只让他做呼罗珊省的统治者,纳迪尔曾在那里放过羊。因此推测,即使艾默德没有拿走"光明之山"钻石,此时路克也会把钻石作为报答或礼物献给他,以感谢他的解救之恩。

在1673年艾默德死后,路克失去了保护者。他先被库尔德的酋长关押了5年,后又被艾默德的儿子铁木尔(Timur)解救复位,但仅持续了一年,由于波斯内战再次爆发,阿格哈·默罕默德(Agha Muhammad Khan)获得了权力。阿格哈·默罕默德是一个太监,5岁被阉割,他狂热地迷恋权力和珠宝,试图用此来掩盖他的生理缺陷。

默罕默德攻战了波斯的8个州,并自立为国王。做了国王后,他的首要目标是掠夺路克曾拥有的皇家珠宝,路克被用刑不久就被逼供出了隐藏珍宝的各个地点。但是,默罕默德要想得到的是"光明之山"钻石,他不相信路克不再拥有"光明之山"钻石的说法,他对路克用刑极残,确认这时他已经不再拥有"光明之山"钻石了。或许这颗钻石在此之前已安全地保存在艾默德·沙赫这位阿富汗杜拉尼(Durani)王朝的奠基者的财物中。

艾默德·沙赫也把眼睛盯着印度的财富上,他曾8次入侵印度,1672年让位于他的儿子铁木尔,铁木尔继承了皇家珠宝,包括"光明之山"钻石,因此推测"光明之山"钻石当时可能还保存在喀布尔的珍宝库中。

铁木尔死时共有23个儿子,但没有发生为了争夺王位的残酷争斗,因为他的一个儿子扎曼(Zaman)成功地继承了王位,并且按原有的模式统治了7年。他学着前辈们占领那时的一些城市,并几次入侵印度,但仅是渗入旁遮普,没有穿过次大陆到达德里。

就在阿富汗的几位国王与他们的敌人往复交战的同时,英国则通过与不列颠东印度公司贸易的方式,正逐渐在印度扩张势力。英国皇家政府通过外交手段和压力,使英国军队在印度的存在逐渐合法化。英国与苏加国王鉴订了一项友好条约,联合反对法国,其原因是拿破仑的军队日益强大和潜在的俄国人的威胁。

由于苏加已无力控制首都喀布尔,因此谈判是在白沙瓦(Peshawar)进行的。但是,当他回到喀布尔后,发现他的哥哥马哈默德已经逃离了被监禁6年的监狱,并集结了一支部队,第二次获得了权力。此后便开始讨伐苏加,虽然苏加组织了几次抵抗,但均无效而返。1812年,苏加被另一支部队捕获,关押在印度北部的克什米尔。扎曼听到这个消息后,试着说服拉合尔国王兰吉德·辛格(Ranjit Singh)来帮助营救苏加。兰吉德·辛格接受了这个建议,但这次营救活动的"酬金"是得到"光明之山"钻石。当苏加得救后听说此次获救的"酬金"是献出"光明之山"钻石时,他极不愿意,并一再声称他不再拥有这颗钻石。而暗中却想把这颗钻石送回喀布尔,用于秘密组织部队的款项。

聪明的兰吉德·辛格没有被这样的理由搪塞住,他采取一系列惩罚措施逼迫苏加交出了钻石。就这样,"光明之山"钻石再次回到了它的出产国——印度。

在兰吉德·辛格死后,王位几经更迭,最后王位落到杜利普·辛格(Dhulip Singh)手中,那时他还是一个孩童,其母被指定为摄政王。杜利普·辛格不像兰吉德·辛格那样有计谋,他对已经获得的权力反应迟钝,因此爆发了锡克战争,英国人获得了胜利。

1849年,英国印度总督道尔豪(Dallousie)爵士派密使威廉姆·艾利奥特(William Eilliot)会见了正在劝说杜利普·辛格的摄政王和土邦主,两方均签署了屈服于英国统治的文件,从此"光明之山"钻石便落到英国人手中。

光明之山钻石经过许多曲折被运到英国后,维多利亚女王戴上了这颗具有历史意义的名钻。韦林顿(Wellington)公爵曾描述道:"女王戴着珍贵的拉合尔钻石,钻石看上去像个胸铠。"

在报刊和民众的高度关注下,"光明之山"钻石在海德公园被公开展出。通过展示,参观者目睹了这颗历史名钻,多数人反映它并不像想象那样"光芒四射",以至于现实与想象之间反差很大,许多参观者因此感到失望。其原因是这颗钻石没有以最好的方式切磨,没有充分展示钻石的洁净和本身所特有的性质。因此,有人提出一个建议,能否重新切磨这颗钻石,以最大限度地显示钻石本身所特有的美。钻石的外表特征同时也引起了阿伯特亲王的不快,或许也包括了维多利亚女王。

钻石从展览会上取回后,皇家做出了重新切磨这颗钻石的决定。为了获得更好的光学效果,使这颗现存的最具历史意义的钻石,在外形和重量上将发生根本的改变。做出这个决定或许是经过仔细考虑的,但是可以肯定决定只是出于钻石的直接用途,而没有考虑钻石的历史意义和历史价值。

重新切磨"光明之山"钻石委托著名的阿姆斯特丹的考斯特(Coster)公司进行,但实际的切磨工作是在英国进行的,在女王的珠宝师詹姆斯·腾南特(James Tennant)的监督下,雇佣一个名叫沃尔桑格(Voorsanger)的切磨师来完成此项工作。

重新切磨工作开始于 1852 年 7 月 16 日,共耗时 38 天,花费 8000 英镑,重量减少到 108.9ct。重新切磨后钻石的腰围直径增加了,它是利用了原来形状钻石的斜面,作为重新切磨钻石的腰围,切磨后的钻石呈椭圆形。

重新切磨后的"光明之山"钻石被镶嵌在胸针、手镯或专门制作的环形饰物上,由维多利亚女王饰用,该饰物上还镶嵌了由土耳其苏丹赠送给女王的一颗 16.125ct 的钻石,该环形饰物现陈列于伦敦博物馆。1901 年维多利亚女王死后,"光明之山"钻石被镶嵌在国王爱德华七世(Edward Ⅶ)的妻子亚历山德拉(Alexandra)王后王冠的正面十字中心。

1976 年,巴基斯坦总理布托要求英国归还"光明之山"钻石。当詹姆斯·卡拉汉首相和白金汉宫的官员们考虑这个问题时,印度驻伦敦的官员纳特瓦·辛格(Natwar Singh)也提出了同样的要求,伊朗和阿富汗也有类似的要求。但是现在"光明之山"钻石仍收藏在伦敦塔的珠宝馆内,镶嵌在伊丽莎白女王的王冠上。

15.4 以假乱真的红宝石——黑王子红宝石和铁木尔红宝石

在英国王冠宝石中有两颗非常著名的红宝石——黑王子红宝石(Black Princes Ruby)和铁木尔红宝石(Timur Ruby),这两颗红宝石历史悠久,它们可歌可泣的历史可谓举世无双。其实,通过现代宝石学研究表明,它们都是红色尖晶石,可谓是以假乱真的红宝石。

15.4.1 黑王子红宝石(Black Princes Ruby)

黑王子红宝石重 170ct,历史悠久。这颗红宝石属英国爱德华三世(Edward Ⅲ)的儿子,即威尔士的王子——黑王子爱德华所有。当时这颗宝石的知名度并不高,因为在黑王子的遗嘱中没有提到过这颗宝石。

1858 年,在整理出的英国皇家珠宝财产目录中,对这颗宝石有这样的记载:这颗宝石是由卡斯提勒(Castile)的国王、有残暴王之称的多·佩德罗(Don Pedro)送给王子的,原因是黑王子在 1367 年西班牙维托利亚(Vittoria)附近的纳加拉(Najera)战斗中支持过他。而残暴王佩德罗则是从格拉纳达(Granada)的国王阿部·沙德(Abu Said)处得到这颗宝石的。在这份财产目录中还描述道,这颗宝石依据东方人的习惯穿了孔,当然在宝石上穿孔是黑王子时代以后做的。

在 1415 年的阿金库尔之战(1415 年英王亨利五世于法国北部阿金库尔村重创兵力数倍于己方的法军,史称阿金库尔战役)中,英王亨利五世的头盔上镶嵌的宝石就是这颗"黑王子红宝石",据说这颗宝石当时曾拯救了亨利五世的性命。在战斗中,当法国将军挥舞他的战斧猛砍英王的头时,奇迹出现了,战斧刚好被"黑玉子红宝石"挡住,于是拯救了亨利五世的性命。更令人惊讶的是,这场几乎没人相信可能打赢的战争,居然也奇迹般获胜了。1485年,理查德三世(Richard)在博斯瓦斯战斗中也戴着这颗宝石。后来这颗宝石又被镶嵌在都铎和首任斯图尔特王朝的王冠上,但是这颗红宝石在共和政体期间突然失踪了,以后又出现在鲁姆斯二世的王冠上。

这颗大的巴拉斯红宝石或许有着某种象征意义。红色宝石在那时主要指的是桂榴石、红玛瑙和红色尖晶石等,往往被镶嵌在王冠的正前方或顶部最显要的位置,或许是由于红色象征着鲜血,代表着生命的缘故。这样的王冠在英国、奥地利、波希米亚、丹麦、法国、西班牙和俄国的皇家珠宝中均能见到。此外,在希伯来高僧的金色法衣上,其中也有红色宝石。在《出埃及记》第28章记载,为大祭司亚伦作的圣水杯,"上面镶有四行宝石,第一行是红宝石、红色电气石、红色石榴子石;第二行是绿宝石、蓝宝石、金刚石;第三行是紫玛瑙、白玛瑙、紫晶;第四行是水晶、红玛瑙、电气石"。在《新约金书·启示录》第21章中,描述圣城耶路撒冷,"墙是电气石造的,城是精金的,如同明净的玻璃。城墙的根基是用各种宝石修饰的。第一根基是电气石,第二根基是蓝宝石,第三根基是绿玛瑙,第四根基是绿宝石,第五根基是红玛瑙,第六根基是红宝石,第七根基是黄色电气石,第八根基是水晶,第九根基是红色电气石,第十根基是翡翠,第十一根基是紫玛瑙,第十二根基是紫水晶。十二个门是十二颗珍珠,每个门是一颗珍珠。城内的街道是精金,好像透明的玻璃。其中也提到红宝石。

根据前人研究资料可以推测,黑王子红宝石是爱德华六世以后进入英国皇家珍宝库的,而且它可能是被单独存放的,只有在特殊情况下才被使用。在英国国内战争期间,来自伦敦塔珠宝馆中的帝国王冠、金银餐具以及来自威斯敏斯特教堂的圣·德华王冠,直接置于议会的管辖之下,一直延续到1644年,其间除了做些例行检查外,对这些具有历史意义的珠宝未做任何的处置。以后一些金银餐具、烛台等,曾被抵押给了伦敦的金饰行,由于无力赎回,这些物品被熔化后,用于造币。

1649年,查理一世被杀后,英国进入了共和时期,所有的珍宝又回到了伦敦塔珠宝馆,并对这些珍宝做了一个详细的财产清单。根据议会的指示,王冠被砸毁,金子被熔化用于造币,从王冠上拆下的宝石则用于出售。

但是,具有历史意义的黑王子红宝石是否曾被出售过,目前尚没有确切的结论。它或许曾被出售过,后来又被重新买回来;或许根本就没有出售过,一直保存在伦敦塔的珠宝馆内。但有这么一种说法,一颗穿了孔的巴拉斯红宝石,曾以4英镑10先令的价格出售。这颗被出售的巴拉斯红宝石,似乎不可能是黑王子红宝石,虽然在宝石上穿了孔将降低宝石的价值,但是黑王子红宝石毕竟是一颗罕有的大颗粒巴拉斯红宝石,不可能以这样低的价格被出售。另一种说法是,在查理一世的保皇党被击败前,黑王子红宝石镶嵌在查理一世的法国妻子亨利埃塔·玛丽亚王后的王冠上,她把这颗宝石和"葡萄牙之镜"钻石、桑西钻石等一起在法国出售或抵押,以获得款项帮助保皇党军队。但是,这种说法也没有确切的依据。

在君主体制恢复后,黑王子红宝石并没有被镶嵌在查理二世的王冠上。但是,这颗红宝石出现在詹姆斯二世的王冠上。当时据说这颗宝石价值1万英镑。黑王子红宝石上有一个小孔,因此珠宝匠在这一小孔中嵌入了一颗真正的红宝石,以填平这一小孔。尚未切磨的黑王子红宝石,仍沿用早期传统的技法,用银箔作衬底,以增加宝石的光泽和宝石颜色的透明度。在1885年的财产清单中,黑王子红宝石的重量估计为160ct。

在乔治一世的王冠上,黑王子红宝石被镶嵌在王冠正面十字的中心。1821年,乔治四世的加冕典礼,选用了帝国王冠取代了原来的圣·爱德华王冠。在帝国王冠上,黑王子红宝石被镶嵌在王冠正面的十字上,在这顶王冠上还有用钻石镶嵌而成的圆球,在加冕典礼后,这顶王冠回到了皇家珠宝馆。王冠的格架曾在伦敦博物馆中展出过。

在圣·爱德华王冠的顶部,曾镶嵌有一颗拱形带刻面的海蓝宝石,在19世纪初的检测中,证实这颗带绿色调的"海蓝宝石"是一颗玻璃,而并非真正的海蓝宝石,该王冠也被称为旧世界,在这顶王冠最低的刻面宝石以上都镀了金和釉,这顶王冠的一部分,现仍保存在伦敦塔的皇家珠宝中。有些人认为,詹姆斯二世逃跑时,带走了王冠上的那颗真正的海蓝宝石。

为了维多利亚女王的加冕典礼,又设计了一顶新的王冠。黑王子红宝石又被镶嵌在正面的十字架上,而斯图尔特蓝宝石被镶嵌在它下面的环形饰物上。在库里南钻石切磨后,王冠上宝石的镶嵌位置又发生了变化,库里南Ⅱ号钻石取代了斯图尔特蓝宝石,镶嵌在环形饰物的中心,斯图尔特蓝宝石则被移到王冠的背面。

15.4.2 铁木尔红宝石(Timur Ruby)

铁木尔红宝石重361ct,也曾经属于拉合尔的统治者,即"光明之山"钻石的拥有者兰吉德·辛格所有,他曾将这颗大块的红宝石镶嵌在马鞍上。在铁木尔红宝石的历史上,有一段时间曾被装饰在莫卧儿王朝最负盛名的孔雀御座上。

在这颗宝石的表面,有用波斯语镌刻的铭文。铭文的意思是:"这是来自王中王苏丹·沙希布·奇朗(Sultan Sahin Qiran)2.5万件珠宝中的红宝石,1153年从莫卧儿王朝的珠宝中拿到这个地方"。铭文中的年份对应的公元纪年是1640年。1639年纳迪尔·沙赫掠夺了莫卧儿王朝的珍宝,回到了波斯的伊斯法罕(Isfahan),铭文中的"这个地方"指的就是伊斯法罕,也就是在这里,这颗"红宝石"

被雕刻了上述铭文。

在这颗宝石上,还刻有其他铭文,记载了宝石拥有者的名字,他们是:

阿克巴·沙赫(Akbar Shah):1021年(公元1621年)

查罕杰·沙赫(Jahangir Shah)

沙希布·奇朗·沙尼(Sahib Qiran Sani):1038年(公元1628年)

阿拉姆杰·沙赫(Alamgir Shah):1070年(公元1659年)

巴格沙赫·格格兹·穆罕默德·法鲁克·西亚(Bagshah Ghazi Muhamad Farukh Siyar):1125年(公元1613年)

阿马德·沙赫·达-依-杜朗(Ahmad Shah Dur-I-Duran):1168年(公元1654年)

苏丹·沙希布·奇朗是穆斯林对铁木尔的称呼,他是蒙古人,生活在1336—1405年,夺取了撒马尔罕的王座。铁木尔死后,这颗宝石进入了他的继承者米·沙赫·鲁克(Mir Shah Rukh)之手,他统治了近40年。之后由他的儿子米扎·乌鲁格·贝格(Mirza Ulugh Begh)接任,他的统治仅持续了两年,即被他的儿子谋杀。但这颗"红宝石"则继续留传下去。

作为权力象征的"铁木尔红宝石"多次易手后,到了沙赫·阿巴斯·沙发里(Shah Abbas Safari)之手,他的统治从1587年开始,一直延续到1629年,共计42年。

这三位宝石拥有者的名字,都曾被雕刻在宝石上。或许是在查罕杰或此后的莫卧儿皇帝雕刻铭文时,把他们的名字磨去了。查罕杰从沙赫·阿巴斯·沙发里处收到了作为贡品的"红宝石",他把自己的名字及他父亲阿克巴·沙赫的名字刻在了这颗宝石上。实际上,阿克巴曾拥有过这颗宝石。

查罕杰死后,他的儿子沙赫·贾汉继承了王位,并把铁木尔红宝石装饰在孔雀御座上。他自封为沙希布·奇朗·沙尼,意指是第二个联合的君主,而第一个联合的君主是铁木尔。

阿拉姆杰·沙赫的名字也被刻在宝石上,他是贾汉的三儿子,也就是奥朗则布。由于某些原因,紧接着的两任莫卧儿皇帝,没有把他们的名字刻在宝石上,而后两任宝石的拥有者,又把名字刻上了宝石。

在被掠夺走了莫卧儿珍宝抵达波斯后,铁木尔红宝石被粗略地描述为"三指宽,二指长"。纳迪尔·沙赫在1647年被杀后,这颗宝石进入了阿马德·沙赫·杜拉尼(Ahmad Shah Durani)之手,称为塔木尔·沙赫(Taimur Shah)。拥有这颗宝石的最后一位波斯人是沙赫·苏加。在兰吉德·辛格救了他之后,铁木尔红宝石、"光明之山"钻石和其他宝石统统地进入了兰吉德·辛格之手。最后,英国从他的继承者杜利普·辛格手中,获得了这些珍贵的宝石。

在这些宝石运抵英国之后,由于新闻媒体的宣传,很多人的注意力都集中在"光明之山"钻石上,包括铁木尔红宝石在内的其他宝石则相形见绌,几乎被人们遗忘了。"光明之山"钻石受到特殊的礼遇,由武装的卫兵押运,由皇家的船只运送,而铁木尔红宝石则是在没有任何特别防卫措施的条件下运抵伦敦的。1851年,当"光明之山"钻石和其他宝石在晶体宫展出时,具有悠久历史的铁木尔红宝石则被束之高阁,它的名字在目录中都未列入。

铁木尔红宝石是最具历史意义并富有传奇色彩的巴拉斯红宝石,其实也是红色尖晶石,它没被切磨,只有自然抛光面形状近似于三角形,1851年不列颠东印度公司从拉合尔的珍宝库中得到这颗宝石后,把它送给维多利亚女王,现为英国皇家珠宝。

铁木尔红宝石虽然是最具历史意义的巴拉斯红宝石,但不是最大的红宝石。镶嵌在俄罗斯国王冠顶端的巴拉斯红宝石,重达414.30ct,这顶王冠是为了彼得大帝1624年的加冕典礼而专门制作的。整个王冠就使用了这颗彩色宝石,宝石似鸽子蛋大小,被认为是当今世界最优质的红宝石,其实它也是一颗红色尖晶石。

15.5 中国名玉——和氏璧

和氏璧的故事在中国广为流传,其程度可谓家喻户晓。据《韩非子·和氏》记载:"楚人和氏得玉璞于楚山中,奉而献之厉王。厉王使玉人相之,玉人曰:'石也'。王以和为诳,而刖其左足。及厉王薨,武王即位。和氏奉其璞而献之武王。武王使玉人相之,又曰:'石也'。王又以和为诳,而刖其右足。武王薨,文王即位。和乃抱其璞而哭于楚山之下,三日三夜,泪尽而继之以血。王闻之,使人问其故,曰:'天下之刖者多矣,子奚哭之悲也?'和曰:'吾非悲刖也,悲夫宝玉而题之以石,贞士而名之以诳。此吾所以悲也。'王乃使人理其璞而得宝焉,遂命曰:'和氏之璧'"。

除了《韩非子·和氏》之外,西汉东方朔《七谏》中有:"悲楚人之和氏兮,献宝玉以为石。遇厉武之不察兮,羌两足以毕斫"之句。东汉王充《论衡·变动篇》有"厉武之时,卞和献玉,刖其两足,奉玉泣出,涕尽续之以血"。不管出处如何,但基本反应的是和氏璧的出处或来源。

据《史记·廉颇蔺相如列传》载:"赵惠文王时,得楚和氏璧。秦昭王闻之,使人遗赵王书,愿以十五城请易璧。赵王与廉颇诸大臣谋:欲予秦,秦城恐不可得,徒见欺。欲勿予,即患秦兵之来。计未定,求人可使报秦者,未得。宦者令缪贤曰:'臣舍人蔺相如可使。'……于是王召见,问蔺相如曰:'秦王以十五城请易寡人之璧,可予否?'相如曰:'秦强而赵弱,不可不许。'王曰:'取吾璧,不予我城,奈何?'相如曰:

'秦以城求璧而赵不许,曲在赵;赵予璧而秦不予赵城,曲在秦。均之二策,宁许以负秦曲。'王曰:'谁可使者?'相如曰:'王必无人,臣愿奉璧往使。城入赵而璧留秦;城不入,臣请完璧归赵。'赵于是遂遣相如奉璧西入秦。

秦王坐章台见相如,相如奉璧奏秦王。秦王大喜,传以示美人及左右,左右皆呼万岁。相如视秦王无意偿赵城,乃前曰:'璧有瑕,请指示王。'王授璧,相如因持璧却立,倚柱,怒发上冲冠,谓秦王曰:'大王欲得璧,使人发书至赵王。赵王悉召群臣议,皆曰:'秦贪,负其强,以空言求璧,偿城恐不可得,议不欲予秦璧。臣以为布衣之交尚不相欺,况大国乎!且以一璧之故,逆强秦之欢,不可。于是赵王乃斋戒五日,使臣奉璧,拜送书于庭,何者?严大国之威以修敬也。今臣至,大王见臣列观,礼节甚倨;得璧,传之美人,以戏弄臣。臣观大王无意偿赵城邑,故臣复取璧。大王必欲急臣,臣头今与璧俱碎于柱矣!'相如持其璧睨柱,欲以击柱。秦王恐其破璧,乃辞谢固请,召有司按图,指从此以往十五城都予赵。相如度秦王特以诈佯为予赵城,实不可得,乃谓秦王曰:'和氏璧,天下所共传宝也,赵王恐,不敢不献。赵王送璧时,斋戒五日,今大王亦宜斋五日,设九宾于廷,臣乃敢上璧。'秦王度之,终不可强夺,遂许斋五日,舍相如广成传。相如度秦王虽斋,决负约不偿城,乃使其从者衣褐,怀其璧,从径道亡,归璧于赵。

秦王斋五日后,乃设九宾礼于廷,引赵使者蔺相如。相如至,谓秦王曰:'秦自缪公以来二十余君,未尝有坚明约束者也。臣诚恐见欺于王而负赵,故令人持璧归,闲至赵矣。且秦强而赵弱,王大遣一介之使至赵,赵立奉璧来,今以秦之强而先割十五都予赵,赵岂敢留璧而得罪于大王乎?臣知欺大王之罪当诛,臣请就汤镬,唯大王与群臣熟计议之。'秦王与群臣相视而嘻,左右或欲引相如去,秦王因曰:'今杀相如,终不能得璧,而绝秦赵之欢,不如因厚遇之,使归赵。赵王岂以一璧之故欺秦耶?'卒廷见相如,毕礼而归之。

相如既归,赵王以为贤大夫,使不辱于诸侯,拜相如以为上大夫,秦亦不以城予赵,赵亦终不予秦璧。其后,秦伐赵,拨石城,明年,复攻赵,杀二万人。"

据有关记载,在秦始皇统一中国后,便将和氏璧琢为受命玺,并命李斯小篆:"受命于天,既寿永昌"。其文历传之,为传国玺。宋代郑文宝《传国玺谱》曰:"国玺者,本卞和所献之璞,琢而成璧,楚求婚于赵,以璧纳聘,故称赵璧,而秦昭王请以十五城易之,赵使蔺相如送璧于秦,秦纳璧而吝城,相如乃诡而夺,至秦始皇并六国时,独有天下。乃命李斯篆书,诏工人孙寿,用是璧为之"。

秦愿以十五座城来换取和氏璧虽非心愿,但足以显示和氏璧的价值了。

《史记·秦始皇本纪》载:秦二世三年(公元前207年),赵高欲为乱,乃令其婿咸阳令阎乐将兵冲入望夷宫,逼二世皇帝自杀。遂立二世之兄子公子子婴为秦王。子婴为秦王四十六日,楚将沛公破秦军入武关,遂至霸上,使人约降子婴。子婴即系颈以组,白马素车,奉天子玺符,降枳道旁。可见秦玺俱为汉所得。又《汉书》曰:"玺皆玉,螭虎纽。凡六,其文亦殊,曰:'皇帝行玺''皇帝之玺''皇帝信玺''天子行玺''天子之玺''天子信玺',外有大蓝田玉玺曰:'受天之命,皇帝寿昌'。皆以武都紫泥封之"。《汉书》又曰:初,高祖入咸阳,得秦玺,乃即天子位,因御服其玺,世世传受,号曰:'传国玺'"。

自汉代以后,但凡称帝做王者,必以获得传国玉玺为真命天子,演义着一系列让人着迷的故事和传说。

关于和氏璧是传说还是历史事实,还有许多方面值得我们深思,这里也提供一些问题供读者思考。

第一,关于和氏璧的演化历程,先是卞和献玉,文王指人琢玉为璧,后由秦王派人改璧为传国玉玺。据《周礼》记载:璧是礼器"六瑞"之首,是礼天的礼器,也是出现最早、使用时间最长的一种礼器。它呈圆形、片状,中部有孔。环状实体部分称"肉",孔洞部分称"好"。关于"肉"和"好"的比例,《尔雅》有"肉倍好,谓之璧"之说。这样问题就出来了,将玉璧改制成传国玉玺是万万不可能做到的事。据学界对传国玉玺尺寸的考证,认为其"方四寸,高三寸六"。按现代的标准,即为 9.24cm 见方,8.93cm 高。如果要将"和氏璧"改制成这样尺寸的玉玺,和氏璧必然要大如磨盘,重达数十千克才行,显然是不可能的。

第二,各种记载清楚地表明,和氏璧产于楚国,即今天湖北一带,但湖北一带从来不产好玉,现代地质学资料也清楚地证明这一点。章鸿钊在其著作《石雅》中,根据唐末杜光庭在《录异记》中有关"和氏璧"雕刻传国玉玺"侧而视之色碧,正而视之色白"的记载,提出和氏璧的材料可能是"月光石""拉长石""绿松石""蛋白石"等观点。赵光赞(2010)提出"和氏璧"玉材"独山石"说等。由于中国有近万年的玉文化历史,对玉的好坏已有深刻的认识,对玉的评价已有非常明确的标准,必须"石之美者,有五德"才是玉。楚王、赵王、秦王、各朝各代帝王不太可能将由上述普通玉石或其他可能产于楚国一带的玉石制作的器物作为"传国之宝"。王春云(2011)提出"和氏璧是金刚石"(即钻石)的观点。笔者认为可能也缺乏科学依据。从金刚石成矿地质条件分析,湖北一带不能产出超级大金刚石。而且当时无法将超级大颗的金刚石加工成璧(和氏璧)和玺(传国玉玺)。若真存在,那颗超级大颗的金刚石应比已知的"库里南"钻石还要大得多得多。

第三,历史有记载,传国玉玺并非和氏璧改制,而是由蓝田玉制成。据《太平御览》引《玉玺谱》记载,"秦始皇时,得蓝田水苍玉,命李斯篆文制为传国玉玺"。如《宋书·卷十八》记载:"初高祖入关,得秦始皇蓝田玉玺……高祖佩之,后世名为传国玺"。虽然有人反对这种认识,如章鸿钊在《石雅·玉类》就认为:"蓝田玉,白非所贵,始皇又乌得以非其所贵者而为受命玺哉?但作者考证,陕西蓝田历史上产真玉,即和田玉,其质量如新疆和田玉(廖宗廷,2007)。因此,将和氏璧和传国玉玺挂钩值得进一步商榷。

第四,从年代上分析也存在问题。据《史记·楚世家》及春秋战国年表载,楚武王为楚首称王者,其先皆不称王,而以周之子男居楚。楚武王元年,即周平王31年,为公元前740年。武王在位51年,武王毙,文王即位,时在公元689年。楚武王之前为"冒"。冒元年为公元前757年,冒在位16年。厉王应是"冒"的谥号。这样,可推测卞和第一次献玉的时间应当在公元前757年至公元前740年间的某一年,而第二次献玉当在公元前740年,第三次献玉,也就是和氏璧的命名时间当为楚文王元年,即公元前689年。这样卞和献玉的时间间隔应在52年以上。卞和送玉时非常肯定玉璞的价值,说明他有丰富的关于玉的知识和相玉经验,这没有几十年功底是很难办到的。说明卞和要有近百岁的寿命才行,但这在当时是很难想象的事情。

总之,虽然我们对和氏璧寄以非常深厚的民族感情,也成了中国玉文化的一个范例,但关于和氏璧还有许多真相需要厘清,希望大家对此作更多更深入的探索和讨论。

15.6 世界著名珍珠传奇

典雅与高贵的珍珠一直以来是世人的至爱,关于珍珠的神秘传闻都与王室有着联系,这些珍珠极具有传奇色彩,它们产自哪里?有哪些奇异的经历?现在又珍藏在何处?……都非常令人着迷。

15.6.1 慈禧与珍珠

饕餮是传说中极为贪食的恶兽,贪吃到连自己的身体都吃光了,后来便将极度贪婪之人称为"饕餮之徒"。历朝历代的封建统治者,大多是些奢侈贪婪之徒,而且他们都有一个共同特点,就是将珍珠视为皇权的象征,对珍珠有着极大的占有欲。在中国的封建统治者中,对珍珠最贪得无厌者,当数晚清的慈禧太后,她完全称得上是一个"珍珠饕餮",不但生前将难以计数的珍珠占为己有,用于装饰与美容,还深信人有生死轮回,死后灵魂不灭,将数量巨大的珍珠带进了棺材,以供她到西方极乐世界继续享用。

慈禧对珍珠的占有方式,是"人无我有,人有我多,人多我好,人好我奇"。在她穷奢极侈的生活中,珍珠总是与她如影随行,朝夕相伴。她的身体,从头到脚都镶满了珍珠,缀满了珍珠。慈禧太后到底占有多少名贵珍珠呢?这具体数目恐怕没人能说清楚。

慈禧太后把持朝政长达 48 年,其间搜罗无数世间奇宝,珍珠的数量更是多不胜数。她好古物珍宝,生爱珍珠,死后更是少不了用珍珠殉葬。一本据称由李莲英和其侄儿所著名叫《爱月轩笔记》的书记载了清东陵慈禧墓里的珍宝。据该书记载:慈禧的尸体入棺之前,先在棺底铺上三层金丝串珠绣花褥,上镶珍珠 13 604 粒,红蓝宝石 85 块,白玉 203 块;锦褥之上又盖一条绣满荷花的丝褥,上铺 5 分圆珠 2 400 粒。身上穿着多层寿衣,仅金丝锈花衣和外罩绣花串珠褂两件,即用去大珠 420 粒,中珠 1 000 粒,小珠 1 500 粒,宝石 1 135 块。此外,慈禧还在胸前佩戴两挂朝珠和各种佩饰,用珠 800 粒,宝石 35 块。身上所盖之被上有珠 820 粒,头上珠冠,冠上嵌一粒鸡卵般巨珠,重 4 两折 125 克,价值 2 000 万两白银,为稀世之宝。除此之外,慈禧口中还含有一颗夜明珠,更是价值连城。

然而,这些稀世珍珠非但未能使慈禧的灵魂得到安宁,反而成为她不得安寝的祸根。1929 年,冯玉祥部将孙殿英下令盗墓,制造出震惊中外的东陵盗案,差一点将这位生前不可一世的西太后剥得个一丝不挂。据有关报道,盗墓人发现,仅珍珠一项,就有 2.64 万颗之多。至于这些珠宝的命运,更是与慈禧生前的如意算盘大相径庭,因为它们中的大多数已经流散于世界各地,成为社会各色人等猎夺的首选。其他不说,单是那颗装饰在她凤冠上的巨大珍珠,就可以书写出一部传奇。据 1993 年 2 月 10 日的《日本经济新闻》报道,一颗昔日去向不明的天然珍珠在日本露面,首次参展人工养殖珍珠成功 100 周年纪念大典。这颗大珠重约 114 克,名叫"亚洲之星",据说正是慈禧凤冠上的那颗。传说它于约 400 年出产于波斯湾,先后成为印度莫卧儿帝国和波斯帝国的王室玩物,最后才给这位大清帝后顶在头上,带进了墓地。

15.6.2　古埃及女皇克娄巴特拉的珍珠

古埃及艳后克丽奥佩特拉(又称克娄巴特拉)的耳环上镶有两颗硕大的珍珠,这两颗珍珠价高无比,据说可养活埃及全国人民一个世纪。传说当女王知道了她的情人安托万喜欢吃喝玩乐,并经常在宫廷举办盛宴,痛饮美酒,大吃山珍海味时,很担心安托万的挥霍,会损害自己的荣誉,于是便决定教训他一下。

一天晚上,女王戴上自己最美丽的首饰,邀请安托万和诸多达官显贵参加自己的宴会。令到场人惊异的是,宴会桌上没有菜也没有酒壶。诸位就座后,女王示意仆人端来一个盛满酒的金杯,在众人迷惑不解的目光下,她庄重地从耳朵上取下一颗大珠,放入酒杯中,待珍珠被溶解后,女王将杯中溶有价值万金珍珠的酒一饮而尽。安托万明白了女王的苦心,自此以后生活上有所收敛。女王的第二颗珍珠后来被恺撒占有,但此后这颗大珠的行踪和下落都无人知道。

15.6.3 亚洲之珠

"亚洲之珠"在世界已发现的天然大珍珠中排名第二位,是1628年在波斯湾采到的。珠长径约100mm,短径60~70mm,重量达121g。在"老子珍珠"未发现之前,它是当时世界上最大的珍珠。当时波斯国王蒙乌尔将其买下,并命名为"亚洲之珠"。

国王将"亚洲之珠"送给了十分喜爱珍珠的皇后,据说他还为皇后修建了一个"珍珠寺"。后来,另一位波斯国王把"亚洲之珠"送给了中国清代的乾隆皇帝,成为乾隆的宠物。慈禧获得此珠后,命宫廷工匠配了一大块"碧玺",意在避邪,便成了现在的样子。1900年八国联军攻占北京抢走此珠。

18年后,即1918年,"亚洲之珠"出现在香港,一位中国官员以重金买下,约5万港币。在此期间一对比利时夫妇将珍珠盗出,法国警方闻讯后入室搜查。比利时人将珍珠投入抽水马桶企图消灭罪证。幸亏珍珠巨大塞在水管中未被冲走。"亚洲之珠"还被当作债务抵押品,抵押给天主教外方传教理事会。后因债务人还不起债,"亚洲之珠"便成了教会的收藏品。

第二次世界大战以后,这颗明珠曾在巴黎出售,但售价和买主都秘而不宣。从此以后,"亚洲之珠"便失去了踪迹。1993年2月10日《日本经济新闻》报道,两颗过去认为去向不明的世界名珠——"亚洲之珠"和"希望之珠"在日本露面。这是日本东京一家珠宝店,为纪念日本人工养殖珍珠成功100周年,从家住伦敦的所有者那里借来的。

15.6.4 真主之珠

"真玉之珠"也称"老子之珠",在世界天然大珍珠排名中居第一位。1934年5月7日,在菲律宾巴拉旺海湾中,一群小孩下海采捕海生动物,上岸后发现少了一个人。经寻找打捞,发现这个小孩在潜水时,被一只砗磲(Chequ)贝夹住了脚,因而溺死。当人们把砗磲贝打捞上来并打开时,却发现里面有一颗极大的珍珠,它长241mm,宽139mm,珠重达6 350g。这就是世界上已发现的最大的天然海水珍珠,被命名为"真主之珠",也叫"老子之珠"。

1969年,一个偶然的机缘,美国医生哥普因治好了"老子之珠"的主人——当地酋长儿子的病,酋长为感谢他,将"真主之珠"送给了他。哥普于是将这颗珍珠带到了美国,"老子之珠"的当时价值达408万美元。后来,此珠几经转手,1980年,珠宝商霍夫曼成为此珠的新主人。此珠现存于美国旧金山银行保险库中,估价约为2 300万美元。

传说,"老子之珠"从不同方向看,能发现老子、孔子、释迦牟尼三个伟人的圣像。还有一种说法,产珠生物在生产珍珠的过程中,将备受折磨,之后才能奉献出美丽的珍珠,这也就是老子"以德报怨"的思想。这颗集"儒、释、道"于一体的圣珠,给悠久的珍珠历史增添了几分宗教、哲学和文化色彩,表达了"天人合一""包容""和谐"的人生哲理,发人深思。

15.6.5 拉·佩日格里纳珍珠

拉·佩日格里纳珍珠,也称为菲利浦二世珍珠,这颗珍珠的历史与西班牙皇家有着密切的联系。曾属于英国女王玛丽·都铎所有,在她与西班牙的菲利浦二世结婚时,从西班牙的珍珠库中获得了许多珍贵宝石,其中就包括这颗优质珍珠。据说这颗珍珠产自巴拿马,由一个巴拿马的奴隶采珠人采到,另一种说法是这颗珍珠产自委内瑞拉。但是在西班牙和英国有几幅玛丽女王佩戴着这颗珍珠出现在她和菲利浦二世的结婚典礼上的画像,因此,可以肯定这颗珍珠发现于1554年以前。

拉·佩日格里纳珍珠最初由多·迭戈·德·特梅斯从南美带到西班牙,并送给当时的西班牙国王菲利浦二世,然后才进入玛丽·都铎之手。在她死后,这颗珍珠又回到了西班牙。之后又出现在菲利浦四世和波旁王朝的伊莎贝拉王后的画像上,以及菲利浦四世和奥地利的玛丽娜王后的画像上,这颗珍珠均作为一个坠饰。后来的西班牙王后又曾经把拉·佩日格里纳珍珠用作耳饰,与它相配的是另一颗重量几乎与它相等的著名珍珠——查理二世珍珠。

拉·佩日格里纳珍珠在1813年一直保存在西班牙。当约瑟夫·波那帕特退位时,他带着这颗珍珠来到法国,并在他的侄女霍顿瑟·德·贝奥哈内斯结婚时,把这颗珍珠送给了她。在1837年这颗珍珠进入了路易斯·拿破仑手中,当拿破仑遇到财政困难时,他把这颗珍珠出售给了阿伯康的马奎斯公爵。

马奎斯公爵得到这颗珍珠后,将它送给了自己的妻子。但是,这颗珍珠对公爵夫人来说,成为一个不断产生烦恼的根源,其原因是珍珠上没有孔,很容易从固定它的首饰上滑落下来。在白金汉宫的一次舞会上,公爵夫人曾不小心丢失了这颗珍珠,非常懊恼,但很快又找回了这颗珍珠,它掉在另一位女士所穿的天鹅绒拖裙的折褶处。类似于这样的事情还发生过几次,在这颗珍珠成为她儿子的财物时,才在珍珠上钻了个孔。1913年,曾把这颗珍珠洗净擦干后,称重为50.96ct。

拉·佩日格里纳珍珠现仍存在。1969年1月,曾在纽约的克里斯蒂拍卖行拍卖,好莱坞著名影星理查德·伯顿花费3.7万美元买下了这颗珍珠,并把它送给了同为影星的妻子伊丽莎白·泰勒,作为她37岁的生日礼物。但是,在拍卖过程中,西班牙皇家曾对这颗珍珠是否就是拉·佩日格里纳珍珠提出过异议。

15.6.6 "梅迪西斯"珍珠项链

"梅迪西斯"珍珠项链由 6 排正圆大珠和 25 颗大珠组成,原属教皇克莱门(Pope Clement)所有。当他的侄女凯瑟琳·德·梅迪西斯(Caterina de'Medici) 1533 年与法王亨利二世结婚时,教皇将这条珍珠项链送给了他的侄女。

若干年后凯瑟琳在儿子弗朗奈瓦当上国王并娶苏格兰公主——美丽的玛丽·斯图尔特为妻时,因对这桩婚姻十分满意,便将"梅迪西斯"珠链送给了儿媳。婚后两年,弗朗奈瓦病死,玛丽皇后 18 岁便开始守寡。

后来,玛丽重返苏格兰。1558 年苏格兰女王去世,本该玛丽继位,但却被其堂姐妹伊丽莎白篡夺了王位,并于 1587 年将玛丽处决。"梅迪西斯"珠链也因此异主于伊丽莎白。凯瑟琳一直想要回珠链,但毫无结果。16 年以后,苏格兰女王去世,玛丽的儿子詹姆斯一世登上王位,继承了"梅迪西斯"珠链。詹姆斯将珠链送给了女儿伊丽莎白,伊丽莎白又将珠链送给了女儿索菲娅,索菲娅将珠链带到了英格兰并送给了自己的儿子威廉四世,从而使这串传世的珍珠项链成为英格兰王室的珍宝。

威廉四世死后,维多利亚继位,她统治帝国 60 多年,却没戴过那串珠链,因为她的汉诺威表亲认为珠链为自家所有,要求归还。但事情迟迟没有一个结果,不过最后这位表亲还是得到了一串珍珠项链。但它是否就是打扮过 14 位女王的那串"梅迪西斯"珠链就很难断定了。这串相传了多少代的"梅迪西斯"珠链现在何处无人知晓。

参考文献

白峰.玉器概论[M].北京:地质出版社,2000.
柴凤梅,帕拉提·阿布都卡迪尔.和田软玉与青海软玉的宝石学特征对比研究[J].新疆工学院学报,2000,21(1):77-80.
陈桃,周征宇,马婷婷.宝玉石肉眼鉴定的依据[J].上海地质,2003,(4):62-66.
陈盈.江苏溧阳软玉的岩石矿物学研究[D].同济大学硕士学位论文,2008.
郭守国.宝玉石学教程[M].北京:科学出版社,1998.
郭守国.珍珠——成功和华贵的象征[M].上海:上海文化出版社,2004.
郝用威.纯洁永恒之石——钻石[M].武汉:中国地质大学出版社,1997.
孔莹,郑常青.再论和氏璧石质问题[J].吉林地质,2007,26(4):96-99.
李建平.红宝石·蓝宝石[M].北京:地质出版社,1999.
李玉加,廖宗廷,史霞明.青海软玉与新疆软玉的对比研究[J].上海地质,2002,83(3):58-61.
李兆聪.宝石鉴定法[M].北京:地质出版社,2009.
廖宗廷,许耀明,周祖翼.宝石学概论(第三版)[M].上海:同济大学出版社,2009.
廖宗廷,赵娟.南阳独山玉矿的成矿构造背景及成因[J].同济大学学报,2000,25(6):702-706.
廖宗廷,周征宇,腾英.昌化鸡血石"地"的矿物成分及其对质量的影响[J].同济大学学报,2004,32(7):897-900.
廖宗廷,周征宇.软玉的研究现状、存在问题和发展方向[J].宝石和宝石学杂志,2003,5(2):22-24.
廖宗廷,周祖翼.宝石级金刚石的形成条件及成因[J].同济大学学报,1996,24(2):178-182.
廖宗廷,周祖翼.中国玉石学概论[M].武汉:中国地质大学出版社,2007.
廖宗廷,朱静昌,郭守国.珠宝鉴赏[M].武汉:中国地质大学出版社,2002.
廖宗廷.话说和田玉[M].武汉:中国地质大学出版社,2014.
栾秉敖.中国宝石和玉石[M].乌鲁木齐:新疆人民出版社,1989.
马婷婷.岫岩透闪石玉成矿机制研究[D].同济大学博士学位论文,2009.
聂宛忻.和氏璧出独山说[J].南阳师范学院学报(社会科学版),2014,13(2):31-33.

潘建强,吴明涵,宋永勤.翡翠[M].北京:地质出版社,1999.
丘志力.珠宝市场评估[M].广州:广东人民出版社,2000.
唐延龄,陈葆章,等.中国和田玉[M].乌鲁木齐:新疆人民出版社,1994.
陶正章.台湾的软玉[J].矿物岩石,1992,12:21—27.
王宾.广西大化和田玉的岩石矿物学研究[D].同济大学硕士学位论文,2014.
王春云.和氏璧是金刚石[N].南方日报,2011-01-27,A13版.
王春云.龙溪软玉矿床地质及物化特征[J].矿产与地质,1993,(6):201—205.
王福泉.宝石及宝石评价[M].北京:地质出版社,1993.
王时麒,段体玉,郑姿姿.岫岩软玉(透闪石玉)的矿物岩石学特征及成矿模式[J].岩石矿物学杂志,2002,21(增刊):79—90.
王曙.真假宝石鉴别[M].北京:地质出版社,1994.
王曙.珠宝玉石和金首饰[M].北京:中国发展出版社,1992.
吴瑞华,等.天然宝石的改善与鉴定方法[M].北京:地质出版社,1994.
吴瑞华,李雯雯,白峰.新疆和田玉岩石学及其扫描电镜研究[J].岩石学报,1999,15(4):637—644.
吴世泽.中国祖母绿[J].中国宝石,2004,(1):84—87.
薛秦芬.吉祥成功之石——绿松石[M].武汉:中国地质大学出版社,1997.
杨如增,廖宗廷.饰用贵金属材料工艺学[M].上海:同济大学出版社,2002.
姚士奇.玉宝和中国文化[M].南京:江苏古籍出版社,1990.
英国宝石协会.宝石学证书教程[M].陈钟惠译.武汉:中国地质大学出版社,2004.
禹秀艳,李甲平,汪立今,等.新疆南部祖母绿(绿柱石)成矿地质条件初探[J].中国矿业,2011,20(11):61—63.
张蓓莉,陈华,孙凤民.珠宝首饰评估[M].北京:地质出版社,1998.
张蓓莉.[德]Dietmar Schwarz,陆大进.世界主要彩色宝石产地研究[M].北京:地质出版社,2012.
张蓓莉.系统宝石学[M].北京:地质出版社,1987.
张竹帮.翡翠探秘,中国宝玉石[M].昆明:云南科技出版社,1993.
赵松龄.宝玉石鉴赏指南[M].北京:东方出版社,1992.
赵廷河,崔景硕,阎学伟,等.翡翠宝石的高温高压合成[J].人工晶体学报,1993,22(2):123—127.
周征宇.东昆仑三岔口软玉成矿构造背景及成矿机理研究[D].同济大学博士学位论文,2006.
周祖翼,曾春光,廖宗廷.钻石与钻石鉴赏[M].上海:东方出版中心,2001.
Anderson B W,Gem testing[M].London,Butter Worths,1980.

Armids S, Michele N, David A, et al. Optical and structure properties of gemological materials used in works of art and handicraft[J]. Journal of Gultural Heritage, 2003,4:317—320.

Cally H. Gemstone[M]. Great Britian, Dorling Kindersley Limited,1994.

Charlotte W. Diamonds[M]. Bethesda, Gem Book Publishers,1993.

Hope G A, Woods R, Munce C G. Raman microprobe mineral identification[J]. Minerals Engineering,2001,14(12):1565—1577.

Htein W, Naing A M. Studies on kosmochlor, jadeite and associated minerals in jade of Myanmar[J]. Journal of Gemmology,1995,24(5):315—320.

John C A, Harlow G E. Guatemala jadeites and albitites were formed by deuterium-rich serpentinizing fluids deep withing a subduction-channe[J]. Geology,1999,27:629—632.

Montri C. Quaternary geology and sapphire deposits from the BO PHL OI gem field, Kanchanaburi Province, Western Thailand[J]. Journal of Asian Earth Sciences, 2000,20:119—125.

Nichol D. Nephrite jade from Jordanow Slask, Poland[J]. Journal of Gemmology,2001, 27(8):461—470.

Nichol D. Two contrasting nephrite jade types[J]. Journal of Gemmology,2000,27(4): 193—200.

Pow-foong Fan. Accreted terranes and mineral deposits of Indochina[J]. Journal of Asian Earth Sciences,2000,18:343—350.

Simandl G J, Riveros C P. Nephrite (jade) deposite Mount Ogden area, central British Columbia, Geological Fieldwork[R]. British Columbia Geological Survey Victoria, Canada,2000.

Simonet C, Paquetts J L, Pin C, et al. The Dusi Sapphire deposit, Central Kenya — a unique Pan-African Corundum-bearing Monzonite[J]. Journal of African Earth Sciences,2004,38(4):401—410.

Sinkankas J. Contribution to a history of gemmology[J]. Journal of Gemmollgy,1991,22(8):463—470.

Sutherland F L, Bosshart G, Fanning C M, et al. Sapphire crystallization, age and orgin, Ban Huai Sai, Laos: age Based on zircon inclusions[J]. Journal of Asian Earth Science,2000,20:841—849.

Tzen-Fu Yui, Hsuen-Wen Yeh. Stable isotope studied of nephrite deposites form Fengtian, Taiman[J]. Geochimica and Cosmochimica Acta. 1979,52:593—602.